EDITION ALCATEL SEL STIFTUNG

Springer
Berlin
Heidelberg
New York
Barcelona
Hongkong
London
Mailand
Paris
Singapur
Tokio

Hans Dietmar Bürgel (Hrsg.)

Forschungs- und Entwicklungsmanagement 2000*plus*

Konzepte und Herausforderungen für die Zukunft

Mit 68 Abbildungen

Springer

Herausgeber

Prof. Dr. Hans Dietmar Bürgel

Unter Mitarbeit von

Dipl.-Kfm. Steffen Hess
Dipl.-Kffr. Sibylle Kleinert

Universität Stuttgart, Betriebswirtschaftliches Institut
Abt. VIII: Lehrstuhl für Forschungs- und Entwicklungsmanagement
Breitscheidstraße 2c, 70174 Stuttgart

ISBN-13: 978-3-642-64130-5 e-ISBN-13: 978-3-642-59799-2
DOI:10.1007/978-3-642-59799-2

Springer-Verlag Berlin Heidelberg New York
Die Deutsche Bibliothek – CIP-Einheitsaufnahme
Forschungs- und Entwicklungsmanagement 2000plus:
Konzepte und Herausforderungen für die Zukunft / Hrsg.: Hans D. Bürgel.
Berlin; Heidelberg; New York; Barcelona; Hongkong; London; Mailand;
Paris; Singapur; Tokio: Springer, 2000
(Edition Alcatel-SEL-Stiftung)

Springer-Verlag Berlin Heidelberg New York
ein Unternehmen der BertelsmannSpringer Science+Business Media GmbH

Softcover reprint of the hardcover 1st edition 2000

Umschlaggestaltung: Künkel + Lopka Werbeagentur, Heidelberg
Satz: Belichtungsfertige Daten vom Herausgeber
Gedruckt auf säurefreiem Papier SPIN: 10772201 45/3142 – 5 4 3 2 1 0

Vorwort

Vier Generationen des F&E-Managements sind bisher beschrieben worden[1], Budgets, Projekte, Strategische Ausrichtung und Wissen als Produktionsfaktor im Zusammenhang mit Forschung und Entwicklung aus betriebswirtschaftlicher Sicht wurden als Stichworte aufgenommen. Wo steht dieser Wissenschaftszweig, der sich ja immerhin erst in den letzten 30 Jahren entwickelt hat, heute, was ist zu erwarten, was zu tun? Ist die „Entwicklung" zur fünften, sechsten Generation angesagt, Theoriekonsolidierung des Bestehenden, muss empirisch verstärkt geforscht werden, ist mehr Internationalität gesucht, oder muss situativ den Ereignissen gefolgt werden, weil ihr zukünftiger Verlauf ohnehin unvorhersehbar ist? Die vorliegende Veröffentlichung, die aus einer entsprechenden international besetzten wissenschaftlichen Konferenz entstanden ist, greift diese Gedanken auf.

Konsolidierung der vorhandenen theoretischen Elemente einschließlich ihrer empirischen Fundierung ist unzweifelhaft notwendig, zu eklektisch noch sind die gesicherten Bausteine einer Theorie des F&E-Managements. Dazu muss Kärnerarbeit geleistet und damit begonnen oder intensiv fortgefahren werden. Das geht über einen solchen Band weit hinaus und ist Programm.

An der Internationalisierung bzw. ihrem „refinement" ist ebenfalls nicht mehr zu zweifeln. Sie wird von *Professor Gerybadze* fundiert behandelt.

Mit fünfter und sechster Generation des F&E-Managements wird schon eher angesprochen, wohin einer der Entwicklungspfade dieses Fachgebietes führen kann: Die Komponente Wissensmanagement zieht sich durch mehrere Beiträge hindurch, ist sozusagen verbindendes Glied innerhalb der gesamten Beiträge, aber auch noch zur vierten Generation des F&E-Managements, steht doch dort schon dieser Aspekt im Vordergrund. Die Beiträge von *Professor Bleicher*, *Professor North* und *Privatdozent Dr. Warschat* zeigen aber weitere Entwicklungslinien dieser Leitidee auf, einmal mehr mit der Betonung auf Vision, Strategie und Integration *(Professor Bleicher)*, dann mehr in der Perspektive des Nutzens an einem Wissensmarkt *(Professor North)*, dann in der Herleitung aus der Informationstechnik *(Dr. Warschat)*.

[1] Vgl. Saad, K. N., Roussel, P. A., Tiby, C., Das Management der F&E-Strategie, 2. Aufl., Gabler-Verlag, Wiesbaden 1991; Roussel, P. A., Saad, K. N., Erickson, T. J., Third Generation R&D. Managing the Link to Corporate Strategy, Harvard Business School Press, Boston, Massachusetts, 1991; Miller, William, Morris, Langdon, Fourth Generation R&D: Managing Knowledge, Technology and Innovation, John Wiley & Sons, New York, 1999

Der insbesondere unter dem Blickwinkel der Ressourcen und damit zukünftiger Forschung bedeutsame Bereich des F&E-Humankapitals wird von *Dipl-Ing. Harms* engagiert und provokativ behandelt („keine ferne Personalabteilung mehr, jeder Einzelne ist für Personalfragen zuständig und verantwortlich"), dasselbe Thema wird von *Professor Kashiwagi* ebenso eindringlich wie ungewöhnlich vorgestellt („was kann uns eine 'Bento Baco' zeigen und lehren?").

Das Thema Strategie wird von *Professor Tschirky* aufgegriffen und in Verbindung zu Technologie gebracht, beides Bausteine einer F&E-Theorie der Unternehmung.

Den Wertschöpfungsprozess innerhalb und außerhalb von F&E durchleuchtet *Professor Fujimoto* theoretisch und befindet sich damit an zentraler Stelle von Praxisrelevanz (Stichworte sind hier: Fähigkeiten, Lernen, Wertschöpfungspartnerschaften, Plattformen).

Der Band ist als Credo der ersten Generation der Lehrstuhlbesetzung des Stiftungslehrstuhls F&E-Management des Betriebswirtschaftlichen Instituts der Universität Stuttgart anzusehen.[2] Alle bisherigen AssistentInnen und Hilfskräfte des Lehrstuhls haben zum Gelingen dieses Werkes beigetragen. Persönlich zu nennen sind hier die Diplomkaufleute *Christine Haller*, *Sibylle Kleinert*, *Dr. Markus Binder*, *Steffen Hess*, *Jürgen Luz*, *Rainer Schultheiß* und *Andreas Zeller*.

Wieder hat die Alcatel SEL Stiftung für Kommunikationsforschung sich bereit erklärt, die vorliegende Buchveröffentlichung finanziell zu unterstützen, ebenso wie die Firmen DaimlerChrysler, A.T. Kearney, Management Engineers und MCC smart den Kongress unterstützt haben. Besonderer Dank gebührt dem Minister für Wissenschaft, Forschung und Kunst in Baden-Württemberg, Herrn *Dr. Klaus von Trotha*, für die Übernahme der Schirmherrschaft und dem Rektor der Universität Stuttgart, Herrn *Professor Dr.-Ing. Dres. h. c. Günter Pritschow* für die Übernahme der Gastgeberschaft und der ideellen Förderung des Gesamtvorhabens.

Schließlich wird Herrn *Dr. Hans Wössner* und dem Team des Springer-Verlages für die buchtechnische Betreuung und die bewährte und wieder angenehme Zusammenarbeit gedankt.

Stuttgart, Juni 2000 Prof. Dr. Hans Dietmar Bürgel

[2] Zu den ursprünglichen Sponsorenfirmen des Lehrstuhls Forschungs- und Entwicklungsmanagement gehörten: Alcatel SEL AG, Baden-Württembergische Bank AG, Robert Bosch GmbH, Daimler-Benz AG, Elring Dichtungswerke GmbH, Hewlett-Packard GmbH, Landesgirokasse Stuttgart, Trumpf Maschinenfabrik GmbH & Co., Werner & Pfleiderer GmbH, Zinser Textilmaschinen GmbH; später kamen hinzu Arthur Andersen GmbH & Co. und Horváth & Partner GmbH.

Inhaltsverzeichnis

F&E-Management – State of the Art

Prof. Dr. Hans Dietmar Bürgel, Dipl.-Kfm. (techn.) Rainer Schultheiß
Lehrstuhl für Allgemeine Betriebswirtschaftslehre und Betriebswirtschaftslehre in Forschung und Entwicklung (F&E-Management), Universität Stuttgart

1 Einleitung

Den „State of the Art" einer aus der Praxis geborenen Wissenschaftsdisziplin zu betrachten, setzt eine differenzierte Betrachtungsweise voraus: Den Blick auf die Praxis gerichtet, gilt es, reale Problemstellungen des Feldes zu identifizieren; den Blick auf die Wissenschaft gelenkt, gilt es, den theoretischen Kern der Disziplin zu beschreiben *(vgl. Stegmüller 1979, S. 29ff.)*.

Die Herausbildung der betriebswirtschaftlichen Disziplin F&E-Management wurde von der Praxis angestoßen *(vgl. Bierich 1987, S. 111ff.)*; anfangs der 90er Jahre wurde sie an der Universität Stuttgart mit dem Stiftungslehrstuhl „Allgemeine Betriebswirtschaftslehre und Betriebswirtschaftslehre in Forschung und Entwicklung (kurz: F&E-Management)" erstmals in Deutschland mit dieser Bezeichnung in der universitären Landschaft etabliert. Im klassischen Sinne stellt sie eine empirische Theorie dar.

Die Charakteristika einer empirischen Theorie betonend, sollen hier zunächst folgende Fragestellungen beantwortet werden (siehe auch Abschnitt 2):

1. Was sind die realen Problemstellungen des F&E-Managements, und wie haben sich die praktischen Prioritäten hinsichtlich dieser Problemstellungen im Zeitverlauf verändert?
2. Was waren die Beiträge der Wissenschaft für diese Problemstellungen? In welche Richtung hat sich die Theorie des F&E-Managements entwickelt?

Dieser Beitrag ist des Weiteren der Fokussierung von Entwicklungslinien des Faches gewidmet. Hierzu werden Interpretationen seines empirischen Theoriekerns vorgestellt (vgl. Abschnitt 3), um – über den „State of the Art" hinausgehend – das Problemlösungspotenzial und die Perspektiven der Disziplin auszuloten (vgl. Abschnitt 4).

2 F&E-Management Perzeptionen

F&E-Management Perzeptionen können aus einer unternehmerisch-praktischen und aus einer wissenschaftlich-theoretischen Sicht beschrieben werden. Diese Sichtweisen müssen nicht notwendigerweise übereinstimmen, Sequenzen und Wechselwirkungen sind ebenso denkbar:

- **Sequenzmodell 1: Theory follows practice („Theory-pull“)**
  Diese für eine empirische Theorie nicht unübliche Abfolge sieht die Unternehmenspraxis mit realen, aktuell drängenden Problemstellungen voranschreiten und die Theorie mit neuen Ideen, Methoden und Forschungsprogrammen in einer reagierenden Rolle. Der sich dadurch vollziehende „Theory-pull“ dominiert in den Anfangsstadien einer Disziplin.
- **Sequenzmodell 2: Practice follows theory („Theory-push“)**
  Umgekehrt kann die Theorie der Praxis Impulse geben, indem vom theoretischen Kern des Faches ausgehend das Blickfeld der Praxis erweitert wird. Dieser „Theory-push“ definiert das Fach in der Wissenschaftswelt – er wird erst dann möglich, wenn die Disziplin eine innere Reife erlangt hat.

Ein erster, von Horváth während der Gründungsphase des Lehrstuhls F&E-Management im Jahre 1990 verfasster „State of the Art“ identifizierte das Sequenzmodell 1 („Theory follows practice“) als dominierend *(vgl. Horváth 1992)*. Grundaussagen dieses Berichts waren:

- Zwischen Wissenschaft und Praxis ist auf dem Gebiet des F&E-Managements eine Lücke vorhanden.
- Die Praxis ist weiter als die Wissenschaft.
- Eine akzeptierte Theorie des F&E-Managements fehlt, statt dessen findet eine Konzentration auf Einzelthemen statt.

Im Folgenden wird nun untersucht, inwieweit diese Thesen noch heute Gültigkeit besitzen.

2.1 Vergleichsgrundlage

Für den Vergleich werden 3 Quellen herangezogen:

- eine jährlich vom Industrial Research Institute durchgeführte Befragung von Praktikern nach den drängendsten Fragen des F&E-Managements,
- eine dreistufige, kürzlich von Scott veröffentlichte Delphi-Befragung von F&E-Praktikern und Forschern *(vgl. Scott 1998, S. 225ff.)*,
- eine eigene, der Ermittlung von Theoriebausteinen des F&E-Managements dienende bibliometrische Untersuchung.

Innerhalb dieser Quellen treten Probleme, Themen, Ansätze und Theoriebausteine des F&E-Managements hervor, die in Tabelle 1 dargestellt sind.

Tabelle 1: Gegenüberstellung von Problem- und Theoriebausteinen des F&E-Managements

Unternehmerisch-praktische Perspektive	Problem-/ Theorie-baustein	Theoretisch-wissenschaftliche Perspektive
Bedingungen für die (operative) Durchsetzung von Innovationen	1	Kreativitätsforschung, Erfolgsfaktorenforschung, F&E-Teammodellierung, Innovationstheorien (Barrieren, Adoption, Diffusion), Organisationstheorien, Anreiz- und Motivationsforschung, Lerntheorien, Kommunikationstheorien, Promotorenmodelle,...
Management von F&E als Wachstumsmotor	2	Evolutionstheorien,...
Ausgleich lang- und kurzfristiger F&E-Aktivitäten / Ziele	3	Risikotheorien, Führungstheorien, Chaosforschung, Agency-Theorien,...
Integration von Geschäftsfeld- und F&E-Strategien	4	Strategieforschung (Positioning School, Resource-Based View, Dynamic Capabilities View u.a.), Kontingenz- u. Konsistenztheorie, Kernkompetenzforschung, Entscheidungstheorie, Intuitionsforschung,...
Messung und Verbesserung von F&E-Effizienz und F&E-Effektivität	5	Effektivitäts- und Effizienzforschung, Kosten- und Leistungstheorie (Methodische Grundlagen),...
Bereichsübergreifendes Führungsverständnis von F&E	6	Netzwerktheorien, Konsistenztheorie, Strategie-, Kulturforschung,...
Zykluszeitverkürzung in Forschung und Entwicklung	7	Projektmanagementansätze (Methodische Grundlagen),...
F&E Portfolio Management	8	Entscheidungstheorie (z.B. multiattributive Nutzentheorie), Operations Research, Finanzwirtschaftliche Modelle (inkl. Real Options),...
F&E-Management im globalen Rahmen	9	Internationalisierungstheorien und -muster, Entscheidungsmodelle, Erfolgsfaktorenforschung,...
Interner / externer Technologietransfer	10	Transaktions(kosten)theorie, Entscheidungsmodelle,...
Lizenzierung, Patentierung und interne Verrechung von F&E-Ergebnissen	11	Intellectual Property Theories, Property Rights Theory,...
Externer Technologieerwerb	12	Kooperationstheorien, Netzwerktheorien, Entscheidungsmodelle, Erfolgsfaktorenforschung,...
Produkteinführung und Marktpenetration	13	Diffusionstheorien,...
Competitive Intelligence	14	Szenarioforschung, Bibliometrie, Technometrie, Wettbewerbstheorie,...
F&E-Informationstechnologien	15	Informations- u. Kommunikationstheorie, Fuzzy Set-Theorie, Projektmanagement-Tools (Methodische Grundlagen),...
Sonstige Themen	16	z.B. Wissenschaftsmanagement (Methodische Grundlagen) u. Technologiepolitik (Methodische Grundlagen), Personalführung und -entwicklung (Methodische Grundlagen),...

Diese Themen können als vorläufige Annäherung an den State of the Art des F&E-Managements betrachtet werden. Die vorgenommene Gegenüberstellung wurde als Vergleichsbasis herangezogen, sie erhebt – da auf aggregiertem Niveau angelegt – nicht den Anspruch auf vollständige Detaillierung. Aufgeführt sind Rahmenthemen, innerhalb derer speziellere Problem- und Theoriebausteine Platz finden.

2.2 Die unternehmerisch-praktische Sichtweise

Die Darstellung der unternehmerisch-praktischen Perspektive basiert auf einer Befragung von im Industrial Research Institute zusammengeschlossenen F&E-Managern. Diese Praktiker – überwiegend aus US-amerikanischen Großunternehmen – werden jährlich um Nennung der für sie drängendsten Probleme gebeten. Ergebnisse der offenen Befragung werden fortlaufend veröffentlicht *(vgl. z.B. o.V. 1996, S. 112; o.V. 1998, S. 19; vgl. Bürgel/Schultheiß 1999a)*[1], die wichtigsten für die vorliegende Untersuchung relevanten Aussagen sind in Abbildung 1 zusammengefasst. Ausgangspunkt für die Darstellung der zeitlichen Entwicklung sind die in Tabelle 1 in der linken Spalte genannten Themen.

Die für die Jahre 1997 und 1998 dargestellten Ergebnisse können gespiegelt werden an einer von Scott durchgeführten Delphi-Untersuchung, in welcher die befragten F&E-Manager der Reihenfolge ihrer Bedeutung nach folgende prioritären Problemstellungen nannten:

- Strategische Produktplanung (Gewichtung: 8,360)[2],
- Management der F&E-Kernkompetenzen (Gewichtung: 7,440),
- Förderung einer F&E-freundlichen Unternehmenskultur (Gewichtung: 7,320),
- Schnittstellenmanagement Marketing und F&E (Gewichtung: 7,320),
- Projektselektion (Gewichtung: 7,240),
- Koordination und Management von F&E-Teams (Gewichtung: 7,080),
- Zykluszeitverkürzung in Forschung und Entwicklung (Gewichtung: 7,076),
- Kunden-Lieferanten Integration (Gewichtung: 6,800),
- Technologiefrühaufklärung (Gewichtung: 6,680),
- Organisationales Lernen (Gewichtung: 6,640).

Über diese Themen hinaus wurden 14 weitere, weniger wichtig erscheinende Themen genannt, die an dieser Stelle nicht vollständig aufgeführt werden. Zu ihnen zählen – um nur drei zu nennen – die Gestaltung der Schnittstelle F&E-Management – General Management, die Globalisierung von Forschung und Entwicklung sowie der interne Transfer von Technologien *(siehe die vollständige Liste bei Scott 1998, S. 236)*.

---

[1] In Jahren, in der die Problemgewichtung 0% beträgt, wurde der entsprechende Problembaustein nicht häufig genug genannt, um in die Analyse einbezogen zu werden.

[2] Es handelt sich hier ebenfalls um Prozentwerte. Da die den befragten Personen weniger bedeutsam erscheinenden Probleme nicht aufgeführt wurden, summieren sich die Prozentangaben nicht zu 100%.

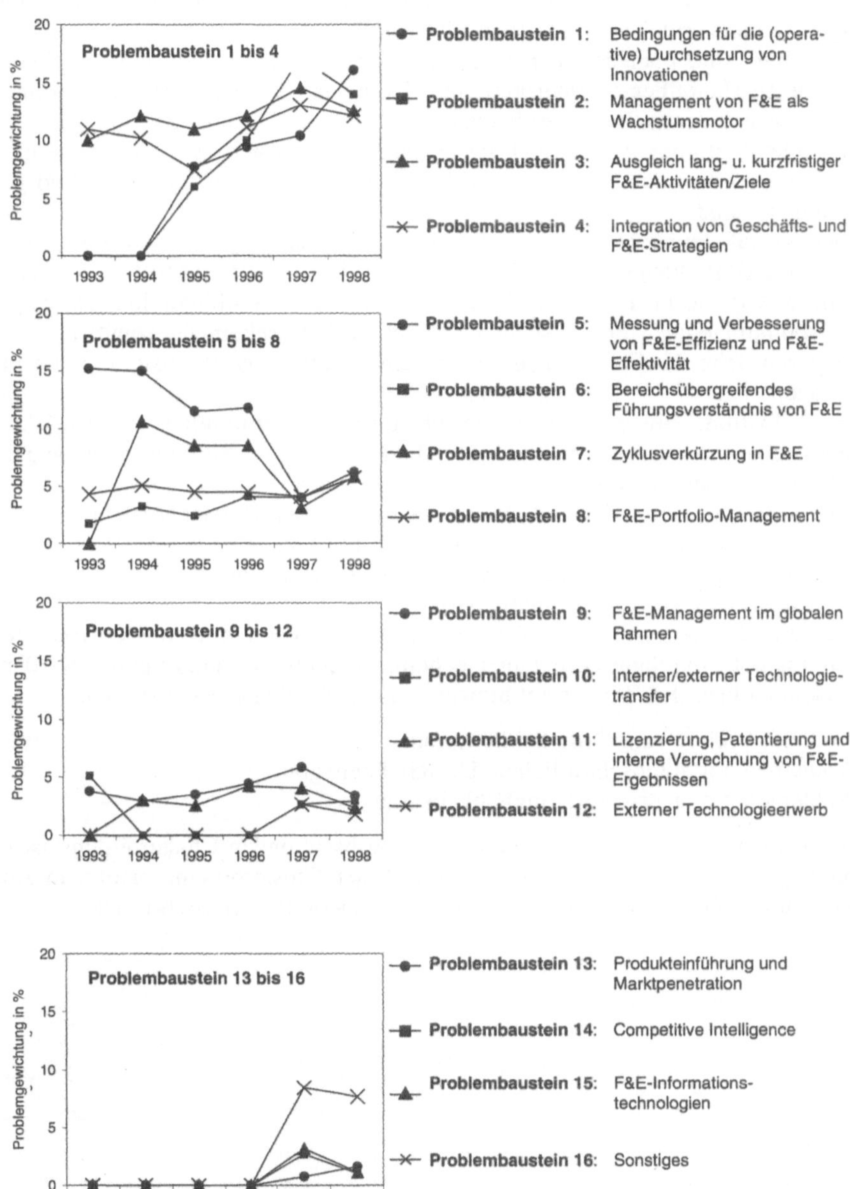

Abb. 1: Prioritäre Problemstellungen der F&E-Management-Praxis

Bedingt durch die unterschiedliche Aufgliederung der als relevant erachteten Themen ist die Vergleichbarkeit der beiden Studien eingeschränkt.

Allerdings sind manche Themen als Unterthemen der in der anderen Studie verwendeten Hauptthemen interpretierbar. Fasst man diese Unterthemen zusammen, ergibt sich dennoch ein vergleichbares, in sich konsistentes Bild:

Auffallend ist einmal, dass sich die genannten Probleme zwei dominierenden Bereichen zuordnen lassen, welche in der Literatur mit Front und Back End gekennzeichnet sind.

Dies ist auf der einen Seite die Betonung langfristig, strategisch ausgelegter F&E (vgl. z.B. Problembausteine 2 und 14 in der Umfrage des Industrial Research Institute sowie die in der Delphi-Befragung ermittelten Problemfelder „Strategische Produktplanung“ und „Management der F&E-Kernkompetenzen“) und auf der anderen Seite der Fokus auf die unmittelbare, effiziente Realisierung von Innovationen (vgl. z.B. Problembausteine 1, 5 und 7 in der Umfrage des Industrial Research Institute sowie die in der Delphi-Befragung ermittelten Problemfelder „Schnittstellenmanagement Marketing und F&E“ und „Zykluszeitverkürzung in Forschung und Entwicklung“).

Ebenso fällt in beiden Untersuchungen die Breite der Themenbereiche auf – in der Untersuchung des Industrial Research Institute erkennbar werdend durch die hohe Bedeutung des Themenfelds „Sonstiges“, in der Delphi-Befragung markiert durch den Umfang von 24 Themenfeldern.

Die Dringlichkeit dieser Problembereiche kann über die vom Industrial Research Institute durchgeführte Untersuchung eindeutig nachgezeichnet werden. Dabei kann – über den Zeitverlauf hinweg – unterschieden werden zwischen:

- Problemen mit hohem Dringlichkeitsgrad,
- Problemen mit durchschnittlichem Dringlichkeitsgrad,
- Problemen mit niedrigem Dringlichkeitsgrad.

Das Ergebnis der auf dieser Unterscheidung basierenden Clusterbildung ist in Abbildung 2 dargestellt. Die Interpretation dieser Clusterbildung erfolgt in Abschnitt 3 im Kontext einer integrierten praktisch-theoretischen Sichtweise.

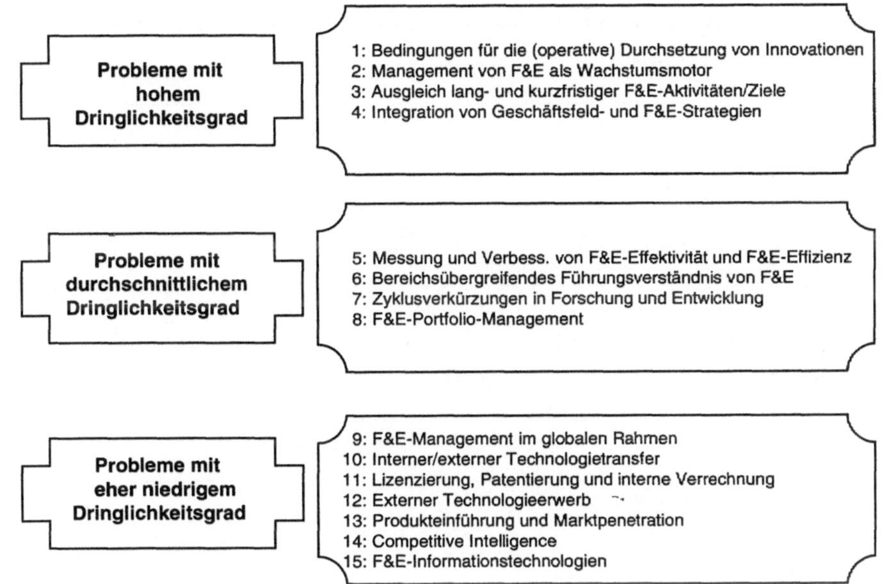

Abb. 2: Dinglichkeitsebenen unternehmerisch-praktischer F&E-Management-Probleme

2.3 Die wissenschaftlich-theoretische Sichtweise

Zur Beschreibung der wissenschaftlich-theoretischen Perzeptionen wird auf 1993-1998 erschienene Beiträge aus den „Top 3" der englischsprachigen wissenschaftlichen Fachzeitschriften Bezug genommen. Es sind dies:

- R&D Management,
- Journal of Product Innovation Management,
- Research Technology Management.

Während sich R&D Management auf die F&E-Funktion fokussiert, akzentuieren die beiden anderen Periodika die F&E-Funktion aus dem Blickwinkel des Technologiemanagements (Research Technology Management) und des Innovationsmanagements (Journal of Product Innovation Management).[3] Die Auswahl dieser Fachzeitschriften erfolgte unter Bezugnahme auf die Kategorien „Business" und „Management" des Social Citation Index 1995[4], innerhalb dessen der Zitationseinfluß, d.h. die durchschnittliche, auf einen Artikel bezogene Anzahl von Zitationen dargestellt wird (vgl. Tabelle 2).

---

[3] Zur Abgrenzung von Technologie-, Innovations- und F&E-Management *vgl. Bürgel et al. 1996, S. 13ff.*

[4] Das Jahr 1995 wurde ausgewählt, da dieses in etwa die Mitte des Untersuchungszeitraums (1993–1998) markiert.

Tabelle 2: Zitationshäufigkeit F&E-relevanter Fachzeitschriften *(Hustad 1997, S. 159)*

Rang	Business	*Ø Anzahl Zitationen*	Management	*Ø Anzahl Zitationen*
1	Academy of Management Review	*4,936*	Academy of Management Review	*4,936*
3	Journal of Marketing	*2,431*	Academy of Management Journal	*2,314*
4	Academy of Management Journal	*2,314*	Harvard Business Review	*2,230*
5	Harvard Business Review	*2,230*		
6	Strategic Management Journal	*1,792*	Strategic Management Journal	*1,792*
7	Journal of Marketing Research	*1,722*		
8			Sloan Management Review	*1,547*
9	Sloan Management Review	*1,547*		
10	Marketing Science	*1,478*	Journal of Management Studies	*1,162*
11	Journal of Consumer Research	*1,374*		
12	Journal of Management Studies	*1,162*	California Management Review	*1,070*
13	California Management Review	*1,070*	**Journal of Product Innovation Management**	*1,053*
14	**Journal of Product Innovation Management**	*1,053*	Journal of Management	*1,025*
15	Journal of Management	*1,025*		
16	Journal of Public Policy and Marketing	*0,895*	Management Science	*0,905*
20	Journal of Business	*0,714*		
21	**R&D Management**	*0,647*	**R&D Management**	*0,647*
22	Journal of Business Venturing	*0,574*		
28	Fortune	*0,345*		
29	Journal of Advertising Research	*0,324*		
30	Journal of Business Research	*0,315*		
31	Industrial Marketing Management	*0,307*	Industrial Marketing Management	*0,307*
32	Long Range Planning	*0,291*	Long Range Planning	*0,291*
35	Journal of Market Research Society	*0,232*		
36	Columbia Journal of World Business	*0,208*	IEEE Transactions on Engineeering Management	*0,198*
37	IEEE Transactions on Engineering Management	*0,198*	**Research Technology Management**	*0,128*
42	**Research Technology Management**	*0,128*		

In Tabelle 2 sind nur diejenigen Fachzeitschriften aufgeführt, die einen Bezug zum Management von Forschung und Entwicklung aufweisen (daher sind einzelne Zellen nicht ausgefüllt). Davon behandelt die Mehrzahl der Zeitschriften Themen, für die das F&E-Management tendenziell zwar von Bedeutung, aber nicht der eigentliche Schwerpunkt ist. Ausschließlichen F&E-Bezug besitzen nur die drei genannten: R&D Management, Journal of Product Innovation Management und Research Technology Management.[5] Daher wurden auch nur diese drei Zeitschriften in die Analyse einbezogen.

Ein erstes Ergebnis der Untersuchung war, dass sich sämtliche Beiträge auch den unternehmerisch-praktischen Schwerpunkten zuordnen lassen. Also hat sich die Theorie in den letzten Jahren nicht verselbständigt, grundsätzlich geht sie mit den praktischen Problemen konform. Die Intensität dieser Konformität wurde durch eine Zählung der 1993–1998 in den genannten Fachjournalen erschienenen Beiträge ermittelt. Hierbei diente die rechte Spalte in Tabelle 1 als Ausgangspunkt. Folgende, in den Abbildungen 3 und 4 zusammengefasste Verläufe traten dabei zutage:[6]

Analog zu dem in Abschnitt 2.2 gewählten Vorgehen soll zunächst eine Gegenüberstellung mit der bereits zitierten Delphi-Befragung erfolgen. Wiederum in der Reihenfolge ihrer Bedeutung ergaben sich für die einbezogenen Wissenschaftler – dieses Mal aus einer theoretisch ausgerichteten Sicht – folgende prioritären F&E-Management Themen:

- Strategische Produktplanung (Gewichtung: 8,000)[7],
- Organisationales Lernen (Gewichtung: 7,935),
- Technologiefrühaufklärung (Gewichtung: 7,387),
- Projektselektion (Gewichtung: 7,355),
- Kunden-Lieferanten Integration (Gewichtung: 7,133),
- Koordination und Management von F&E-Teams (Gewichtung: 7,032),
- Zykluszeitverkürzung in Forschung und Entwicklung (Gewichtung: 7,032),
- Management der F&E-Kernkompetenzen (Gewichtung: 7,000),
- Förderung einer F&E-freundlichen Unternehmenskultur (Gewichtung: 6,806),
- Schnittstellenmanagement Marketing und F&E (Gewichtung: 6,700).

---

5 Fast ausschließlichen F&E-Bezug besitzt die Zeitschrift IEEE Transactions on Engineering Management. Zu einem kleineren Teil finden sich dort aber auch Artikel zum Produktions- und Logistikmanagement. Daher wurde nicht IEEE Transactions on Engineering Management, sondern Research Technology Management in die Top 3 der F&E-relevanten Fachzeitschriften aufgenommen. Darüber hinaus existieren eine Reihe anderer Fachzeitschriften des F&E-Managements, z.B. Technovation, The Journal of High Technology Management Research, International Journal of Technology Management, Journal of Engineering and Technology Management, deren Zitationseinfluss jedoch geringer ist.

6 Um Verzerrungen durch Hefte mit besonderen Schwerpunktthemen auszuschließen, wurden bei der Analyse jeweils 2 Jahre zusammengefasst *(vgl. auch Bürgel/Schultheiß 1999b)*

7 Es handelt sich hier ebenfalls um Prozentwerte. Da die den befragten Personen weniger bedeutsam erscheinenden Probleme nicht aufgeführt wurden, summieren sich die Prozentangaben nicht zu 100%.

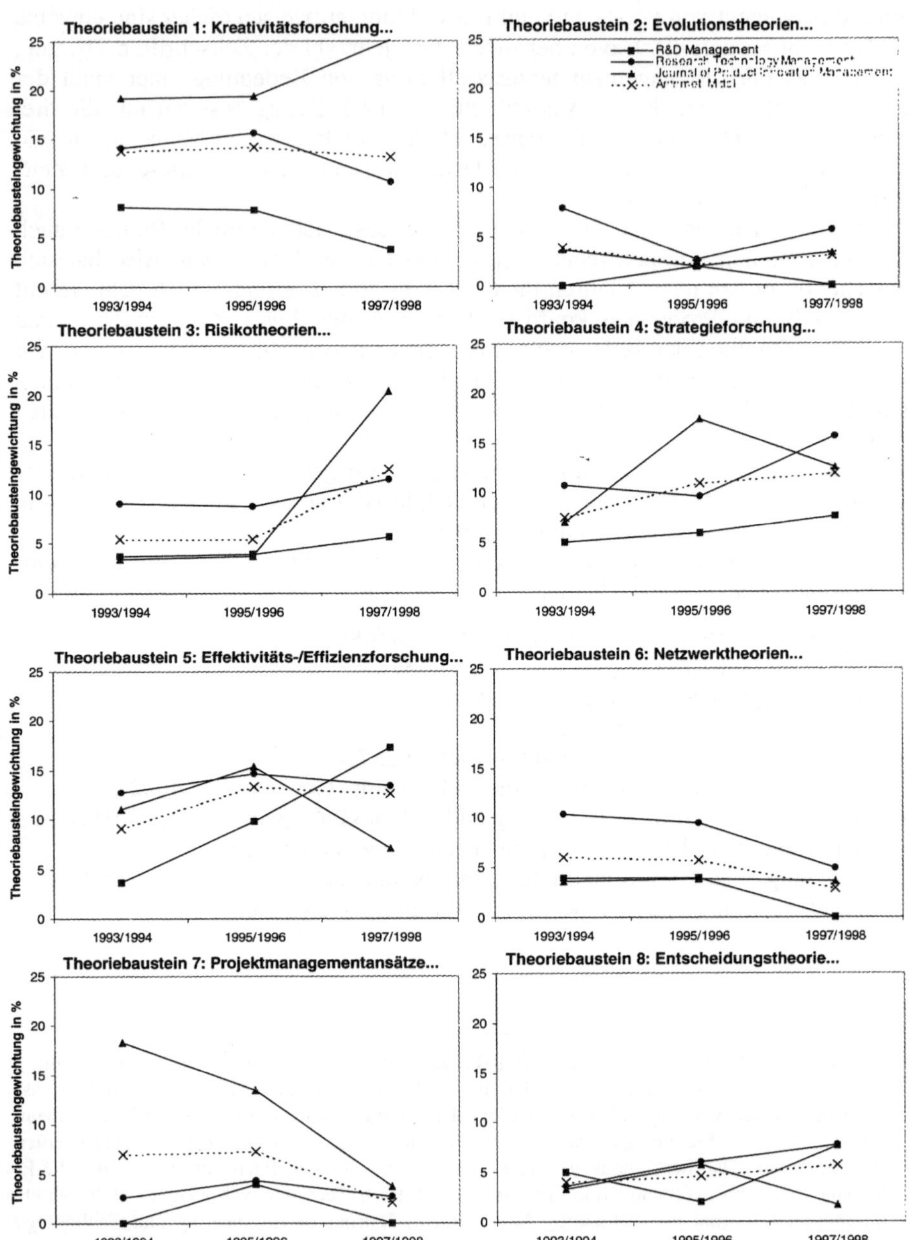

Abb. 3: Prioritäre Themenstellung der F&E-Management-Theorie (1)

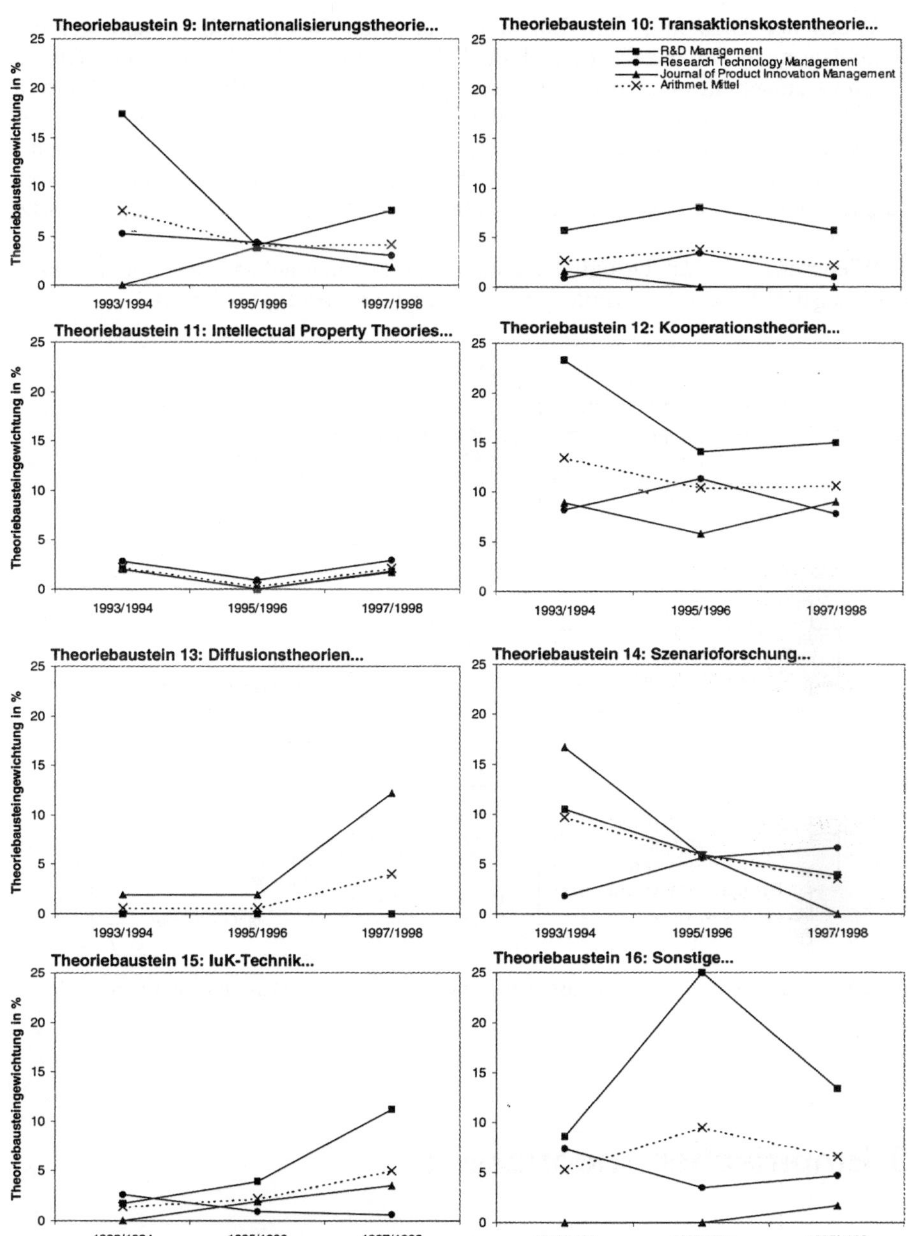

Abb. 4: Prioritäre Themenstellung der F&E-Management-Theorie (2)

Neben der Themenvielfalt fällt beim Vergleich dieser Studien auch hier die Gleichbetonung der das Front und Back End betreffenden Themen auf. Dieses Ergebnis entspricht einer früheren von *Allen und George (1989)* durchgeführten und allein auf die Zeitschrift R&D Management bezogenen Untersuchung, in der die Autoren bei 18 einbezogenen Kategorien – auf einem hohen Aggregationsniveau – u.a. auch eine nur unwesentliche Veränderung der Forschungsschwerpunkte über die Zeit der letzten 20 Jahre feststellten *(vgl. Allen/George 1989, S. 102ff.)*.

Wiederum kann der Dringlichkeitsgrad der Themen anhand der Untersuchung des Industrial Research Institute gekennzeichnet werden (vgl. Abb. 5).

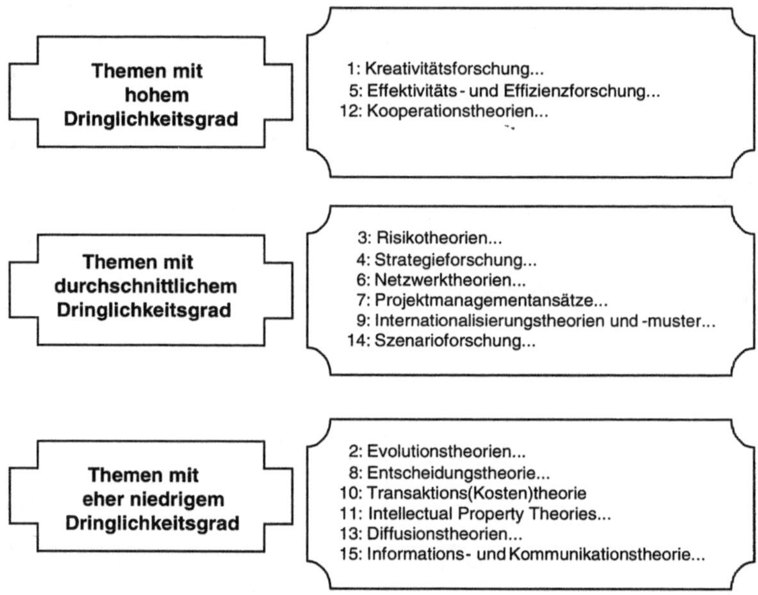

Abb. 5: Dringlichkeitsebenen wissenschaftlich-theoretischer F&E-Management-Themen

3 Empirischer Theoriekern

Zur Beschreibung des empirischen Theoriekerns der F&E-Management-Disziplin ist eine integrierte, die Abschnitte 2.2 und 2.3 vergleichende Betrachtungsweise erforderlich. Es ist deutlich geworden, dass die Themenfelder des F&E-Managements sowohl in der Theorie als auch in der Praxis sehr breit angelegt sind. Man könnte dies als Indiz werten, dass die von Horváth früher beschriebene Situation – die Konzentration auf Einzelthemen, ohne eine gemeinsame Basis, ein theoretisches Fundament zu betonen – auch heute noch zutreffend ist. Auf der anderen Seite ergibt sich aus dem Vergleich der Abb. 2 und 4, dass die Praxis der Theorie nicht mehr notwendigerweise vorauseilt. Für diese Aussage sind folgende Beobachtungen heranführbar:

- Alle praxisorientierten Themenstellungen werden auch aus theoretischer Perspektive beleuchtet. Vielfach entspricht die Intensität der theoretischen Bearbeitung der praktischen Problemgewichtung.
- Inzwischen treten Themenstellungen hervor, deren theoretische Durchdringung höher ist als ihre momentane praktische Bedeutung. Beispiele sind Kooperations- und Netzwerktheorien, die neue Optionen des externen Technologieerwerbs erschließen (vgl. Problem- und Theoriebaustein 12), das Management an der Schnittstelle zu öffentlichen Forschungseinrichtungen (vgl. Problem- und Theoriebaustein 16)[8] und das Management von F&E im globalen Rahmen (vgl. Problem- und Theoriebaustein 9). Vieles spricht dafür, dass gerade diese Themenbereiche in der Zukunft auch in der Unternehmenspraxis stark an Bedeutung gewinnen werden *(vgl. z.B. Larson 1998, S. 20f.).* Damit hätte die Theorie dann sogar eine Vorreiterrolle eingenommen.

An dieser Stelle kann daher festgehalten werden: Anders als noch vor wenigen Jahren gehen Praxis und Theorie des F&E-Managements heute weitgehend konform. Ein Nachhinken der Theorie – wie von Horváth 1990 noch festgestellt – ist heute nicht mehr zu beobachten. Dies entspricht der Situation in anderen betriebswirtschaftlichen Forschungsrichtungen. F&E-Management hat sich damit als vollwertige, betriebswirtschaftliche Teildisziplin fest etabliert.

3.1 Kernkompetenzprofil

Ausgehend von dieser generellen Feststellung ist die Frage nach dem theoretischen Kern der F&E-Management-Disziplin zu stellen. Startpunkt hierfür sind wiederum die in den Abschnitten 2.2 und 2.3 beschriebenen Sichtweisen, zwischen denen eine Reihe von Parallelitäten existieren.

Bereits genannt wurde die Breite der Themenstellungen. Sie lässt sich dahingehend interpretieren, dass es *den* theoretischen Kern des F&E-Managements nicht gibt. Auf der anderen Seite fällt die Gleichgewichtung von das Front und das Back End betreffenden Themenstellungen auf.

Gerade in der Integration dieser beiden Bereiche drückt sich offenbar das Kernkompetenzprofil der F&E-Management Disziplin aus (vgl. Abb. 6).

---

[8] Dieses Thema dominiert die Rubrik „Sonstiges“ *(vgl. zu diesem Thema bspw. Blum et al. 1993).*

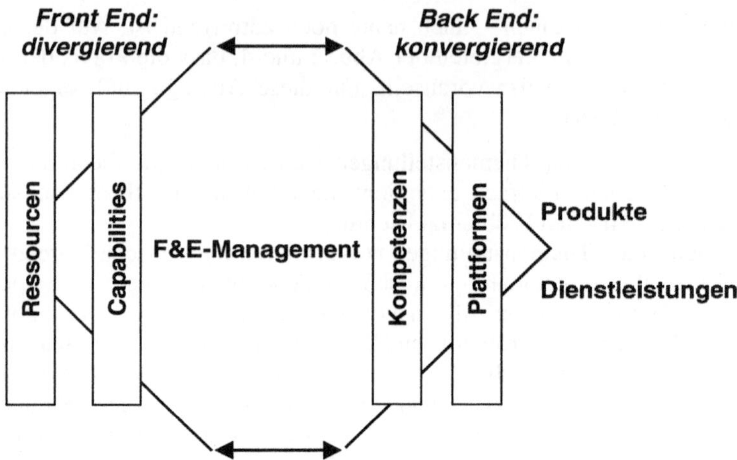

Abb. 6: Front und Back End Integration

Zur Veranschaulichung greift Abb. 6 die erfolgsdeterminierenden Faktoren heraus:

- **Ressourcen:** Beschreiben die Qualifikation, die Kreativität und das Weiterentwicklungspotenzial der Mitarbeiter in Forschung und Entwicklung. Die Mitarbeiter inkorporieren Theorien, Methoden, Verfahren und Werkzeuge. Darauf basieren alle nachfolgenden Faktoren.
- **Capabilities:** Kombinieren und erweitern die Ressourcen zu Handlungsoptionen und bestimmen dadurch den technologisch-strategischen Möglichkeitsspielraum einer Unternehmung. Sie stehen mit dem tatsächlich beobachtbaren Unternehmenserfolg in einem nicht-linearen Funktionszusammenhang *(vgl. Kirsch 1984, S. 635f.)*. Der Begriff „Handlungsoption" verweist auf die Möglichkeit einer Nutzbarmachung der aus der Kapitalmarkttheorie stammenden Optionspreistheorie *(vgl. Bürgel/Schultheiß 1999a, S. 439ff)*.
- **Kompetenzen:** Ergeben sich durch Auswahl aus den zur Verfügung stehenden Handlungsoptionen. Definieren das zeitlich begrenzte Reaktionsvermögen einer Unternehmung gegenüber marktlichen Entwicklungsreizen.[9]
- **Plattformen:** Fokussieren die Kompetenzen zu produkt- und serviceübergreifenden Rahmenkonzepten. Dabei kann es sich um produktübergreifende Prozesse oder Module handeln.
- **Produkte / Dienstleistungen:** Werden aus den Plattformen entwickelt.[10] Sie führen zu Kommerzialisierungserlösen.

---

[9] Analog zu der in der Biologie verwendeten Definition des Kompetenzbegriffs, in der Kompetenz definiert wird als „zeitlich begrenzte Reaktionsbereitschaft von Zellen gegenüber einem bestimmten Entwicklungsreiz" (*vgl. Duden).*

[10] Analog zu den produktspezifischen Prozessen

Das Schema spiegelt sich in ressourcenorientierten Ansätzen der Organisationsökonomie unmittelbar wider. Diese Ansätze – der ressourcenorientierte Strategieansatz *(vgl. Penrose 1959 S. 1ff.)* und seine Erweiterungen wie der Dynamic Capabilities View *(vgl. z.B. Amit/Schoemaker 1993, S. 33ff.)* – können als Baurahmen des theoretischen F&E-Management-Kerns betrachtet werden. Folglich lassen sich sämtliche Themen aus Tabelle 1 unmittelbar in das Schema in Abbildung 6 einordnen (vgl. Abb. 7).

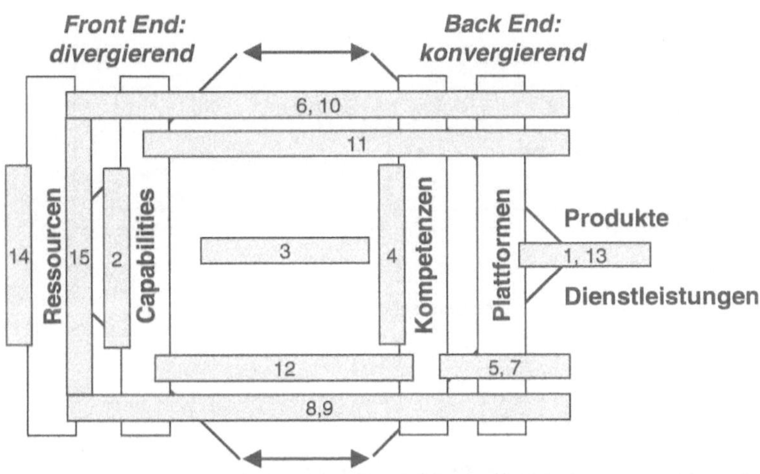

Abb. 7: F&E-Management im ressourcenorientierten Theorierahmen

3.2 Problemlösungspotenzial

Das Problemlösungspotenzial der F&E-Management-Disziplin fußt auf dem beschriebenen Kernkompetenzprofil. Es bezieht sich erstens auf die erfolgsbestimmenden Faktoren für das F&E-Management, an denen einzelne Bausteine ansetzen (Bausteine 2, 4 und 14), und zweitens auf Bausteine, die der Integration (Bausteine 6, 8, 9, 10 und 15) oder Teilintegration (Bausteine 1, 3, 5, 7, 11, 12, 13) dieser Faktoren dienen. Während das Front End von F&E Flexibilität verlangt, erfordert das Back End Commitment. Die Integration wird dadurch erschwert. F&E-Management wirkt als „Durchlauferhitzer" mit geeigneten Routinen besonders intensiv an dieser Schnittstelle, indem es den Wissensumschlag fördert: Der Schaffung neuen Wissens im Front End Bereich steht die Aussonderung von kommerziell nicht verwertbarem Wissen im Back End gegenüber.[11] Hierin liegt

[11] Jüngere „Generationen" des F&E-Managements akzentuieren daher die Bedeutung von Wissensmanagement, *vgl. Rogers 1996, S. 33ff.*

das Problemlösungspotenzial der F&E-Management-Disziplin begründet. F&E-Management agiert als unternehmerisches Wissenscenter *(vgl. Bürgel/Zeller 1998, S. 53ff)*, das gleichzeitig der Generierung von Unternehmensstrategien und dem Entwurf von Produktstrategien dient (vgl. Abb. 8).

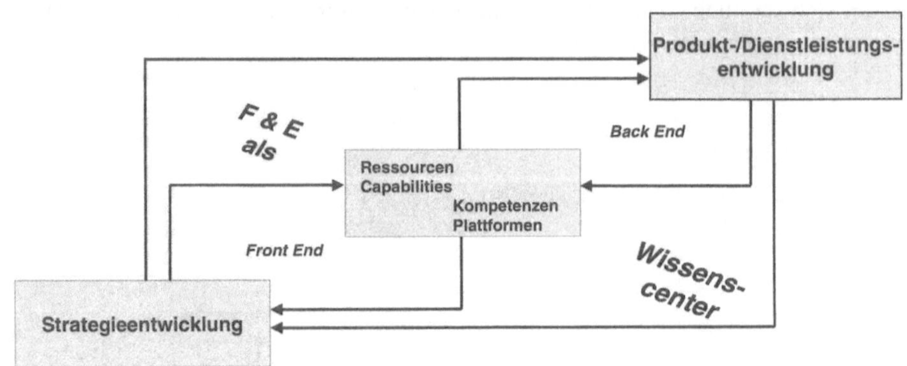

Abb. 8: F&E(-Management) als unternehmerisches Wissenscenter

4 F&E-Management Perspektiven

Die Perspektiven der F&E-Management-Disziplin entwickeln sich auf 3 Ebenen: der Unternehmenspraxis, der F&E-Management-Theorie und der wechselseitigen Kommunikation zwischen Praxis und Theorie. Für diese Ebenen werden im folgenden denkbare Entwicklungsverläufe entworfen.

4.1 Trajektorien in Theorie und Praxis

Die Anfänge des industriellen F&E-Managements waren markiert durch Defizite sowohl in der Theorie als auch in der Praxis *(zu diesen Anfängen vgl. Brockhoff 1998, S. 129f.)*. War die Notwendigkeit eines Managements von Forschung und Entwicklung erkannt, so fehlten geeignete Methoden, Tools und Instrumente. Die anstehenden Probleme wurden auf Basis von Trial-and-Error gelöst, erst im Zeitverlauf kristallisierten sich „Best-Practices", wie z.B. die primär von der Beratungspraxis entwickelten Portfolio-Konzeptionen, heraus. Damit begann sich der „Praxisgap" aufzulösen, folgerichtig hat Horváth im ersten „State of the Art" Anfang der 90er Jahre primär von einem Theorie- oder Forschungsgap gesprochen. Die in den Abschnitten 2 und 3 durchgeführten Analysen lassen den Schluss zu, dass das Fundament zur Auflösung dieses Theoriegaps inzwischen gelegt wurde.

Dennoch ist das Idealbild einer gleichgerichteten Evolution von Wissenschaft und Praxis nicht erreicht: Die Praxis schreitet bisweilen zu weit voran, auf der anderen Seite besteht mit wachsender theoretischer Durchdringung die Gefahr einer zunehmenden Entkoppelung von Theorie und Praxis. Die Theoriebausteine des F&E-Managements könnten zu „Modellplatonismen" degenerieren und ihre empirische Basis verlieren.

4.2 Praxisbasierte F&E-Management Forschung

Um der Gefahr der Praxisentfremdung vorzubeugen, muss die Befruchtung zwischen Theorie und Praxis des F&E-Managements bidirektional verlaufen. Es bedarf hierzu der Auflösung eines dritten Defizits, das folgerichtig als „Kommunikationsgap" bezeichnet werden könnte. Hierfür stehen durchaus Kommunikationsmechanismen zur Verfügung, ihre bestimmenden Elemente sind in Abb. 9 dargestellt.

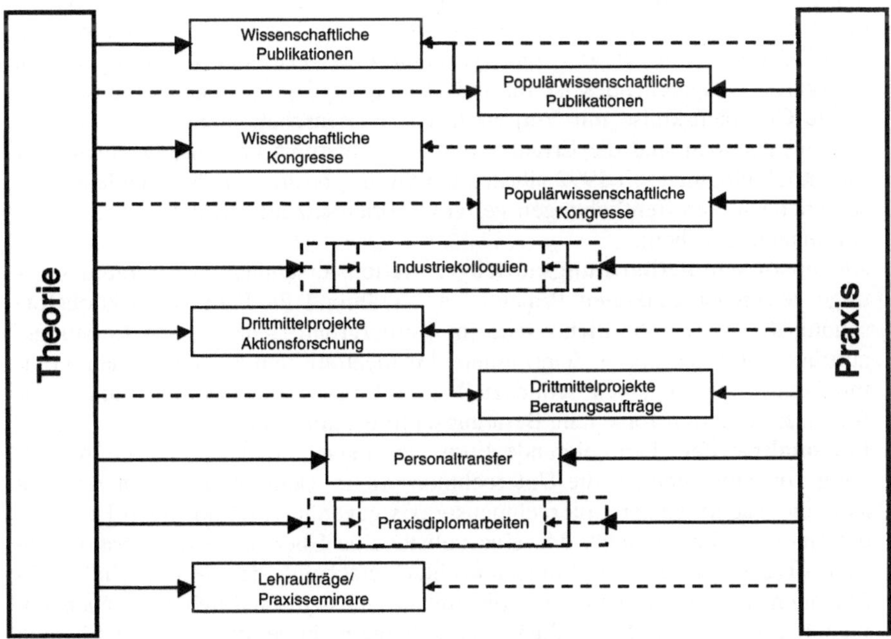

Abb. 9: Theorie-Praxis Kommunikation

Die Wirkungsweise der in Abb. 9 aufgenommenen Kommunikationsmechanismen fokussiert sich zu überwiegenden Teilen auf einen der beiden Bereiche. Daraus ergeben sich für die meisten dieser Austausch- und Kommunikationsmechanismen spezifische Probleme:

- **Publikationen:** Die Publikation ist das Kommunikationsmedium der Wissenschaft. Sie soll zu weiteren Forschungsanstrengungen anregen und ist zuvorderst an Fachkollegen gerichtet *(vgl. Whitley 1994, S. 176)*. Erst sekundär finden die unmittelbaren und oft kurzfristigen Interessen der Unternehmenspraxis Berücksichtigung. Wissenschaftliche Veröffentlichungen von Praktikerseite gibt es (zu) wenige, auf der anderen Seite werden Veröffentlichung aus der Feder von Wissenschaftlern von der Unternehmenspraxis (zu) selten beachtet. Populärwissenschaftliche Publikationen – zumeist aus Praktikerhand – richten sich auf den Austausch von Best Practices. Sie basieren weniger auf einem theoretisch begründeten Fundament. Zwar finden sie gerade als Management-Moden in den wissenschaftlichen Dunstkreis Eingang, sie verwenden jedoch Sprachwelten und Methoden, die mit dem wissenschaftlichen Gebrauch kaum kompatibel sind. Dadurch ist ihre Bedeutung als Input für die Theorie eingeschränkt.
- **Kongresse / Industriekolloquien:** Für wissenschaftliche bzw. populärwissenschaftliche Kongresse gelten die für Publikationen getroffenen Aussagen analog. Zielgruppe ist meist die Wissenschaft oder die Praxis. Deshalb kommt der gewünschte Transfer bidirektional kaum zustande. Nur wenige Kongresse treten mit dem Anspruch an, beiden Gruppen gleichermaßen gerecht zu werden (so z.B. das vom Lehrstuhl F&E-Management veranstaltete Symposium *„R&D-Management 2000 Challenges and Concepts"* am 23. Juli 1999 in Stuttgart). Entsprechendes ist für Industriekolloquien[12] – regelmäßig stattfindende Gesprächskreise mit Vertretern aus Wissenschaft und Praxis – festzustellen (Dennoch sind die Erfahrungen des Lehrstuhls F&E-Management, der Industriekolloquien seit 1992 jährlich durchführt, positiv. Sie haben alle zu entsprechenden Veröffentlichungen geführt. Voraussetzung ist, dass beide Seiten aufeinander zugehen).
- **Aktionsforschung/Beratungsaufträge:** Aktionsforschung und Beratungsaufträge setzen an konkreten Projekten an. Während im Falle der Aktionsforschung die wissenschaftliche Seite im Vordergrund steht, werden Beratungsaufträge durch die Praxis determiniert. Im Idealfall kommen die beiden Kommunikationsmechanismen sequenziell zum Einsatz, indem bspw. aus DFG-finanzierter Aktionsforschung Beratungsaufträge abgeleitet werden.
- **Personaltransfer:** Dominierende Form des Personaltransfers ist die Ausbildung von Studenten für die Unternehmenspraxis. Dem geschaffenen Angebot steht die Nachfrage der Unternehmenspraxis gegenüber, im positiven Falle findet eine „Markträumung", d.h. eine vollständige Übernahme der Absolventen statt. Trotz wachsender Studentenzahlen erscheint der Markt für F&E-Management Absolventen – sowohl mit betriebswirtschaftlicher als auch mit ingenieurwissenschaftlicher Basis – noch lange nicht gesättigt (Dies ergibt sich aus Umfragen unter den Absolventen des Lehrstuhls F&E-Management). Es handelt sich in dieser Form um einen sehr effizienten Kommunikationsmecha-

[12] Daher sind Industriekolloquien in Abb. 9 in der Mitte zwischen Theorie und Praxis angeordnet. Je nach ihrer Ausrichtung tendieren sie entweder nach links oder nach rechts (gestrichelt gezeichnet) – analog Praxisdiplomarbeiten.

nismus. Denkbar ist der Personaltransfer auch in umgekehrter Richtung, indem Praktiker vorübergehend (Sabbaticals) oder dauerhaft (z.B. Stiftungsprofessuren) an die Universität zurückkehren.

- **Praxisdiplomarbeiten/Lehraufträge/Praxisseminare:** Dieser Kommunikationsansatz versucht, die Unternehmenspraxis an der Universität vorzuempfinden, um in der Ausbildung von Studenten Wissenschaft und Praxis zusammenzuführen. Da von der Unternehmenspraxis ein hoher Zeiteinsatz abverlangt wird, ist das Interesse auf Seiten der Universität regelmäßig höher. Dennoch können diese Transfermechanismen – dies zeigt die Erfahrung am Lehrstuhl F&E-Management speziell im Falle von Praxisdiplomarbeiten und Praxisseminaren – zum wechselseitigen Nutzen gestaltet werden.

Um Kommunikationslücken zwischen Wissenschaft und Praxis zu beseitigen, bedarf es einer weiteren Intensivierung dieser Transfermechanismen. Im Einzelnen bedeutet dies, dass...

- ...an Universitäten vermehrt Lehrstühle mit einer praxisorientierten F&E-Management-Ausrichtung geschaffen werden sollten, da die F&E-Management-Disziplin – gemessen an ihrem Anspruch einer ressourcenorientierten „Theory of the Firm“ – im betriebswirtschaftlichen Lehrgebäude nach wie vor ein Schattendasein fristet,
- ...die Verzahnung mit der ingenieurwissenschaftlichen Ausbildung zu verstärken ist – nicht als „Add-on“, das von den Ingenieurwissenschaften mit abgedeckt wird, sondern als betriebswirtschaftliche Servicefunktion mit Anbindung an das Theoriegebäude der BWL,
- ...sich die Forschung im Gebiet des F&E-Managements noch stärker als bislang empirisch ausrichten sollte.

5 Schlussbetrachtung

Die betriebswirtschaftliche Auseinandersetzung mit Forschung und Entwicklung reicht nur wenige Jahre zurück, F&E-Management ist als eines der jüngsten Bestandteile im betriebswirtschaftlichen Lehrgebäude zu betrachten. Bis Anfang der 90er Jahre noch im Status einer Kunstlehre, hat sich die theoretisch-wissenschaftliche Ausrichtung inzwischen gefestigt. Steigende Studentenzahlen, eine zunehmende Akzeptanz in der Unternehmenspraxis (im Sinne der geläufigen Aussage: „There really isn't anything quite as practical as a good theory“) und eine wachsende Durchdringung anderer betriebswirtschaftlicher Felder mit F&E-relevanten Fragestellungen – das Fächerspektrum reicht von der Planung, dem Controlling, dem Marketing, der Organisationslehre und dem Personalmanagement bis zur Finanzwirtschaft – sind Zeugnis dieser Entwicklung. Die zurückliegenden Jahre können im Nachhinein als äußerst fruchtbar beschrieben werden. Mit den erarbeiteten Ansätzen als Basis ist die Hoffnung berechtigt, dass dies auch in der Zukunft eine Fortsetzung erfahren wird.

6 Literatur

Allen, T. J.; George, V. (1989), Changes in the Field of R&D Management over the Past 20 Years, in: R&D Management, 19, 1989, 2, S. 103–113

Amit, R.; Schoemaker, P. J. H. (1993), Strategic Assets and Organizational Rent, in: Strategic Management Journal, 14, 1993, 1, S. 33–46

Bierich, M. (1987), Zukunftsaufgaben der Betriebswirtschaft aus der Sicht der Unternehmen, in: Zeitschrift für Betriebswirtschaftliche Forschung, 39, 1987, 2, S. 111–130

Blum, J.; Bürgel, H. D.; Horváth, P. (Hrsg. 1993), Wissenschaftsmanagement, Stuttgart 1993

Brockhoff, K. (1998), Technology Management as Part of Strategic Planning – Some Empirical Results, in: R&D Management, 28, 1998, 3, S. 129–138

Bürgel, H. D.; Haller, C.; Binder, M. (1996), F&E-Management, München 1996

Bürgel, H. D. (Hrsg. 1998), Wissensmanagement, Edition Alcatel SEL Stiftung, Berlin, Heidelberg 1998

Bürgel, H. D.; Zeller, A. (1998), Forschung und Entwicklung als Wissenscenter, in: Bürgel, H. D. (Hrsg. 1998), S. 53–65

Bürgel, H. D.; Schultheiß, R. (1999a), Diffusionsverläufe und -perspektiven der Optionspreistheorie, in: Egger, A., Grün, O., Moser, R. (Hrsg. 1999), S. 439–461

Bürgel, H. D.; Schultheiß, R. (1999b), F&E-Management – State of the Art, Forschungsbericht Nr. 9 des Lehrstuhls für F&E-Management, Universität Stuttgart, 1999

Egger, A.; Grün, O.; Moser, R. (Hrsg. 1999), Managementinstrumente und -konzepte, Stuttgart 1999

Engwall, L.; Gunnarson, E. (Hrsg. 1994), Management Studies in an Academic Context, Uppsala 1994

Fusfeld, H. I. (1995), Industrial Research – Where It's Been, Where It's Going, in: Research Technology Management, 38, 1995, 4, S. 52–56

Horváth, P. (1990), F&E-Management – State of the Art, Controlling Forschungsbericht Nr. 23, Universität Stuttgart, 1990

Hustad, T. P. (1997), From the Editor, in: Journal of Product Innovation Management, 14, 1997, 3, S. 157–160

Kirsch, W. (1984), Wissenschaftliche Unternehmensführung oder Freiheit von der Wissenschaft? Studien zu den Grundlagen der Führungslehre, München 1984

Larson, C. F. (1998), Industrial R&D in 2008, in: Research Technology Management, 41, 1998, 6, S. 19–24

Miller, J. A. (1995), Changes Ahead – Prepare Now, in: Research Technology Management, 38, 1995, 5, S. 9–10 o.V. (1996), The "Biggest" Problems Technology Leaders Face, in: Research Technology Management, 39, 1996, November/December, S. 12

o.V. (1998), The "Biggest" Problems Technology Leaders Face, in: Research Technology Management, 41, 1998, 5, S. 18–19

Penrose, E. T. (1959), The Theory of the Growth of the Firm, New York 1959

Rogers, D. M. A. (1996), The Challenge of Fifth Generation R&D, in: Research Technology Management 39, 1996, 4 (Juli/August) S. 33–43

Scott, G. M. (1998), The New Age of New Product Development: Are We There Yet?, in: R&D Management, 28, 1998, 4, S. 225–236

Stegmüller, W. (1979), The Structuralist View of Theories, Berlin, Heidelberg, New York 1979

Whitley, R. (1994), Formal Knowledge and Management Education, in: Engwall, L., Gunnarson, E. (Hrsg. 1994), S. 167–190

Research and Development in the International Context of Politics & Culture

Prof. Dr. Hiroshi Kashiwagi
Faculty of Science and Technology, Keio University, Yokohama

I would like to say something about the management of research and development. In contrast to Mr. Bürgel I'd like to refer to my many years' experiences as a researcher, and I will comment on a few things. The point at the top, which shows the changes in global economy, has a lot to do with Germany, and concretely with the fall of the Wall in 1989 in Berlin. It led to the end of the cold war between east and west, to a reduction of the meaning of collective security, to a stronger emphasis on economic points of view, especially to a growth of protectionist measures of trade restrictions, and to an increase of contrary positions and competition in the world economy. The German people, or rather the changes in Germany, made a decisive contribution to this development through the reunification of Germany.

In the further course of my talk I will discuss the question or rather the problem, if highly developed countries or nations really follow a certain aim concerning their technological development. Therefore is this technological development of the states, nations, countries, a goal-directed one? My doubts, my thoughts relate to a dream that may possibly exist in all nations. That is a dream of unlimited possibilities of development as we wish them to be. In this context a certain problem arises: some nations could hold a hostile attitude towards technology. Moreover, research and technology systems change from an open system to a closed one, for example to resolve environmental problems.

The next question I want to broach, is: for whom is research and development done? I think there are four possibilities: it may be for the state, for the public good, for private interests or for the research and the science itself. In the first two points, the advantage of the state and the public good, the military use of research and development, is included.

The second and the third point include technologies which are useful for the people and therefore for the public and private good. But concerning the last point, the meaning of research and development for the mankind, there is a lot left to investigate, as already stated in the previous speech. The last point refers to culture and development of culture. I'd like to say something about this now.

The cultural development always happens against the background of religion and philosophy. After all, culture always has a local reference. Moreover, culture becomes more concrete because it is influenced by local differences like black work, white work, yellow work, – however you may understand culture. The differences also appear in the varying ideas of beauty, values or something like that. It is a fact that technology has always been in every cultural area and that there has been a development of technology. What we experience now is actually nothing else but a new discovery or a rediscovery of technology in cultural areas through the western society. Most people will practise the cultural or intercultural exchange across countries' borders. I think this kind of exchange should lead to a big, all-embracing „integrated" culture. Then our job is to consider what is worth changing in everyone's own culture, to find out what can be changed and what should be left as it is and also to find out where one should push the dynamics of the development concerning the adaptation of other cultures ahead.

Ladies and gentlemen, what you see in Fig. 1 is, as you may know if you have ever been to Japan, a so-called „bento bako" (lunchbox) which contains an already prepared lunch, and that you can buy everywhere in Japan. What I really want to say is: what does that mean? You see a box, in which you can find many different kinds of food that are finely matched in colour and arranged in a way that evokes a desire for food in us. There are varying forms of these lunchboxes and through the presentation of the food a great deal of influence is exerted on the chances to sell the respective product well or not.

Fig. 1: „Bento Bako" (Japanese lunchbox)

This was just a short typical example showing our japanese culture. Now I will change the subject (see Fig. 2). The circle where the vector is directed inside, represents the eastern, oriental culture, and the circle with the vector directed outside represents the western culture. As japanese people, we certainly belong to the oriental culture, which means to the vector directed inside. We believe in a transcendental reason, a transcendental truth which we try to find, in what we do. One example is the sculptor who tries to carve this transcendental truth out of his work of art, out of the stone or the wood. Even if we try to create a robot, we strive to express our innermost being through this robot. That may also possibly be expressed in the fact, that in Japan the researchers who work on organ transplantation, use their own cells. To give to another person what is inside one's own body, is to give the absolute. That could possibly be described with the question „Who am I in the oriental culture?" and with the answer to this „I am just a small part of the entire picture!"

As mentioned before, science always happens against the background of religion and philosophy, and therefore against a cultural background and things concerning technology. Technology is created against the background of politics, thoughts and ideas and it is certainly created within a civilization. Science and technology are really just the small hatched part we can see here. If I had to say now what the actual problems of science and technology are, then the first question was if science and technology were manageable at all.

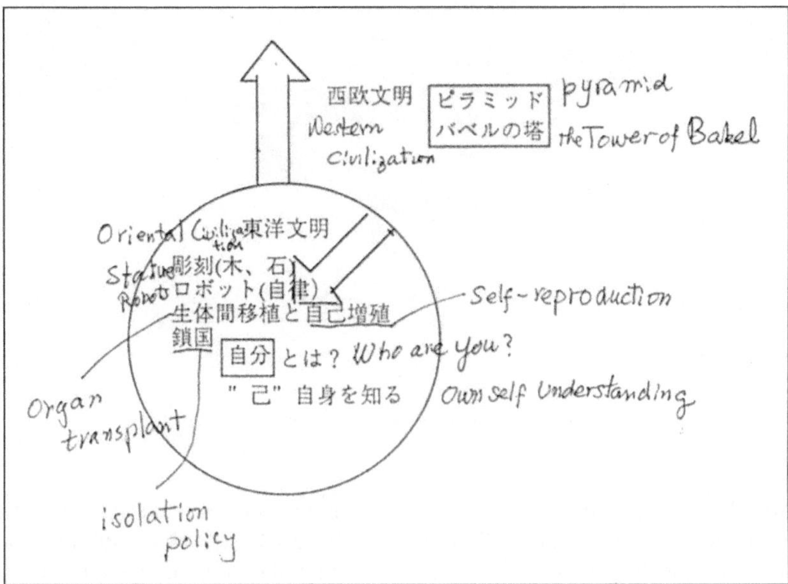

Fig. 2: Oriental culture and western culture

The second point is that the decision on the use of the results of research, science and technology and also on the allocation of resources for research and development, is not the scientists', it is the people's, the politicians'. That means that external forces in a nation which don't belong to the area of science, may have the power, the possibility to change the direction of research and technology in a sense which doesn't reflect the original intention of the scientists. The need of explanation concerning science and technology has become stronger, and that is the third point, which also should not be ignored.

The following thoughts I will remark now also appeared several times in discussions relating to the german philosophy. In the oriental way of thinking one's own self or its activity is always connected with nature. The essential points I mentioned, politics, economy and science, are therefore natural raw materials, population, food and so on (see Fig. 3).

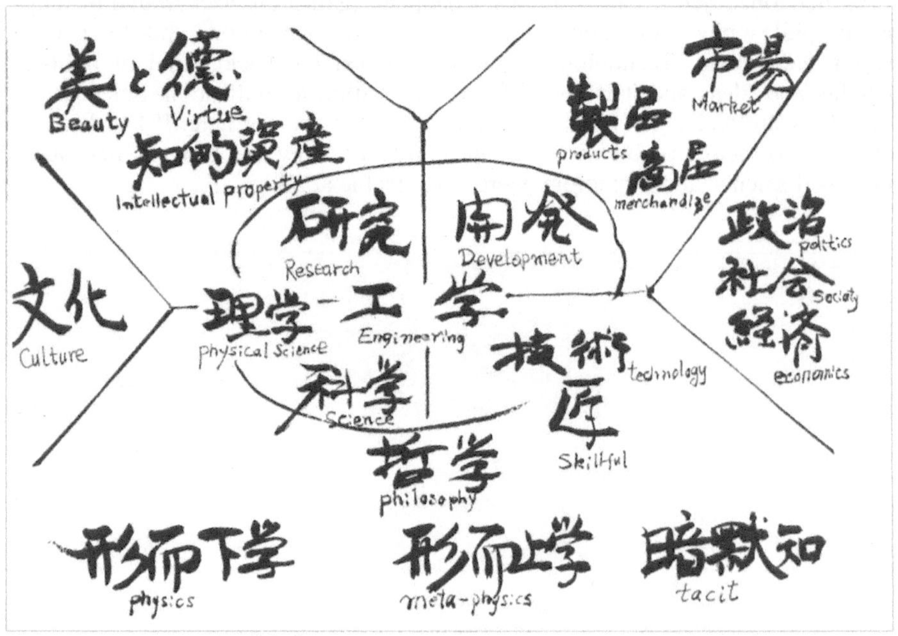

Fig. 3: Conceptual classification of research and development

Finally, I'd like to emphasize that a kind of science ethics is necessary, not only for the scientists and researchers, but also for those who use the results in reality. And then the question arises if it is possible that the researchers and scientists themselves are objects of research and development. In japanese there is the term „Jinzai" that means human resources and which would possibly in german be „Arbeitskraftpotential" – or even worse translated – „Arbeitskraftmaterial". My basic doubt is if we can call the researcher, who is after all a human being, a „material“.

That's a problem with which the researchers and scientists have to come face to face with, as a group in the future. Moreover I am of the opinion that a strategic research and development policy is necessary. From the researcher's point of view there is a need of qualified colleagues with whom a good co-operation is possible, a need of an environment which makes successful research possible, and a need of outstandingly well equipped laboratories. In my opinion these are factors which build a so-called „centre of excellence“. I think if you all make it possible to fulfil these three factors with a high quality, it will also be possible to gather highly regarded and qualified colleagues in this centre.

Again I would like to thank Mr. Bürgel and all of you for your kind attention and I thank the staff who made this conference possible.

Wissen schaffen in Forschung und Entwicklung

Prof. Dr. Klaus North
Lehrstuhl für Internationale Unternehmensführung und Logistik,
Fachhochschule Wiesbaden

1 Einleitung

Auf dem Weg zur Wissensgesellschaft haben sich Unternehmen zunehmend einem Intelligenztest zu stellen: Wertschöpfung durch Wissen heißt die Devise. Forschung und Entwicklung (F&E) übernimmt hier die Aufgabe, Wissen aus Informationen zu generieren sowie dieses Wissen in marktgängige Produkte umzusetzen. In den Unternehmen sind daher effiziente Prozesse der Wissensgenerierung und des Transfers zu strukturieren, Expertise zu speichern und wissensfördernde Rahmenbedingungen zu schaffen. Diese Problematik ist vor dem Hintergrund der sich abzeichnenden Herausforderungen in F&E im nächsten Jahrzehnt zu betrachten.

Eine erste Herausforderung besteht darin, physische Produkte und Dienstleistungen zu Komplettlösungen für individuelle Kundenbedürfnisse zu „verpacken". Im Extremfall heißt dies, dass kein Produkt dem anderen gleicht sowie, dass vielfach Produkte nur über die Grenzen bestehender Geschäftsfelder hinaus entwickelt werden können. Die Kombination vielfältigen Wissens ist hier zu strukturieren. Des Weiteren werden Kunden, Lieferanten und sogar die „Professional Community", wie das Beispiel der Software LINUX zeigt, zu Co-Entwicklern. Die Entwickler des Kernunternehmens werden zu „Impresarios", die Entwicklungsprozesse organisieren, aber nur noch bedingt inhaltlich beherrschen. Wie können diese Akteure kreativ und effizient Wissen schaffen? Entwickelt wird zunehmend der Prozess der Produktkonfiguration und nur noch bedingt das Endprodukt, unterstützt durch Methoden u.a. des Rapid Prototyping. Ein Teil der Wissensgenerierung wird somit auf den Endnutzer übertragen. Wie kann F&E vom Endnutzer lernen? Eine weitere Herausforderung stellt die geographische Verteilung von Technologie-, Produkt- und Marktwissen dar. Im Licht der verfügbaren Informations- und Kommunikationstechnologien ist die Frage des Dualismus „lokal versus global" neu zu stellen *(vgl. Gassmann 1997 sowie Gerybadze in diesem Buch).* Die Verkürzung der „Time to Market" sowie der Anstieg der Entwicklungskosten, bezogen auf den zu erwartenden Umsatz, werden auch weiterhin bestimmend für das Überdenken von Entwicklungsprozessen sein. Hier sind Entwicklungszeiten u.a. durch frühzeitiges Simulieren und Lösen möglicher Probleme u.a. mit dem im Beitrag von *Fujimoto* dargestellten Ansatz des „Front-loading" zu verkürzen. Der Entwicklungsaufwand kann durch Wissensallianzen auf mehrere Unternehmen verteilt werden, wie dies bei der Halbleiterentwicklung bereits die Regel geworden ist *(vgl. Badaracco 1991).*

Das Eingehen auf diese Herausforderungen setzt ein Verständnis für die Zusammenhänge zwischen Innovation und Wissen voraus. Unternehmerische Innovation bedeutet, Wissen gezielt neu zu kombinieren, um daraus einen Wert beim Kunden zu generieren *(North/Probst 1998). Rüdiger und Vanini (1998)* definieren Innovationsmanagement als das Management von Prozessen, in denen durch Kombination von Wissenskomponenten neuartige Verknüpfungen von Zwecken und Mitteln angestrebt werden. Erfolgreiches Innovationsmanagement basiert daher auf einem bewussten Umgang mit der Ressource Wissen. Andererseits sind Innovationsprobleme auch Wissensprobleme. Betrachten wir die wichtigsten Gründe für das Scheitern von Innovationsprojekten aus der Sicht des Umgangs mit Wissen *(vgl. Tidd et al. 1997; Lullies et al. 1993; Brockhoff 1998)*: Die Unfähigkeit, technologische Innovation an den Markt- und Kundenbedürfnissen zu orientieren, beruht auf einer mangelnden Wissenstransparenz über Märkte und Kunden und auf ineffizientem Wissenstransfer über Funktionsgrenzen hinweg. Strategie, Marketing und F&E teilen ihr Wissen nicht. Innovationen kommen nicht zustande oder scheitern am Markt deshalb, weil nicht das gesamte, im Unternehmen verfügbare Know-how in Produkte eingebracht wird. Es gelingt vielen Unternehmen nur begrenzt, das für den Entwicklungsprozess erforderliche, auf verschiedene Stellen verteilte Wissen zieladäquat zu mobilisieren und zusammenzuführen. Des Weiteren werden Wissensträger nicht gezielt gefördert. Wissen geht daneben unbedacht verloren.

Den Unternehmen und Mitarbeitern mangelt es nur selten an Wissen und Ideen. Die Umsetzung in neue oder verbesserte Produkte, Prozesse und Geschäftsfelder ist das zentrale Problem. Die Diskussion über die Innovationsfähigkeit der deutschen Wirtschaft muss daher den Umgang mit der Ressource Wissen problematisieren. Dies bedeutet, zunächst ein Verständnis für die Vielschichtigkeit des Wissensbegriffs und der Prozesse der Wissensgenerierung zu entwickeln und darauf aufbauend Prinzipien des Wissensmanagements abzuleiten.

2 Der Wissensbegriff

Forschung und Entwicklung sind durch die Generierung von Wissen aus Informationen gekennzeichnet. Ziel ist es jedoch, diese Wissensgenerierung in den Wertschöpfungsprozess des Unternehmens zu integrieren, um nachhaltige Wettbewerbsvorteile zu erreichen, die als Geschäftserfolge messbar werden. Die Zusammenhänge und daraus abzuleitende Handlungsfelder im Unternehmen sollen im folgenden am Modell der Wissenstreppe *(North 1999)* dargestellt werden (vgl. Abb. 1).

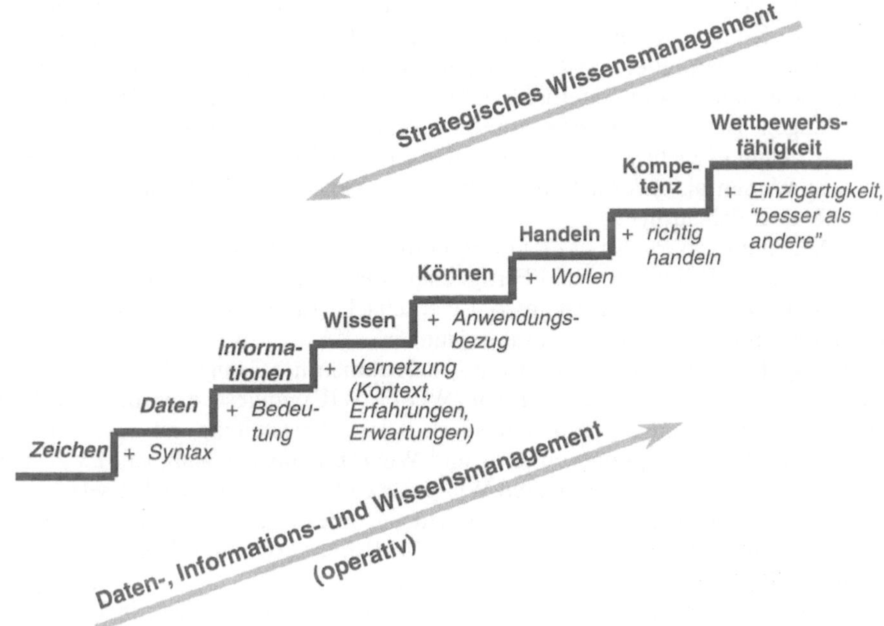

Abb. 1: Die Wissenstreppe

Durch Sinnesorgane werden Objekte und Vorgänge wahrgenommen, denen nach den Regeln der Semantik **Zeichen** (u.a. Buchstaben, Ziffern, Farbkombinationen) zugeordnet werden können. Diese Zeichen werden durch Ordnungsregeln, eine Syntax, zu Daten. **Daten** sind Symbole, die noch nicht interpretiert sind, d.h. beliebige Zeichen bzw. Zeichenfolgen; dies können Zahlen, wie z.B. 2, 7, 25, 13 oder auch ein rotes Licht einer Ampel sein. Zu Informationen werden diese Daten erst, wenn ein Bezug hergestellt ist, z.B. 2,7 % Produktivitätssteigerung der Elektronikfertigung pro Quartal, Außentemperatur 13° C, Preis eines Taschenrechners: DM 25,00. **Informationen** sind also Daten, die in einem Bedeutungskontext stehen und aus betriebswirtschaftlicher Sicht zur Vorbereitung von Entscheidungen und Handlungen dienen. Diese Informationen sind für Betrachter wertlos, die sie nicht mit anderen aktuellen oder in der Vergangenheit gespeicherten Informationen vernetzen können.

Aus dieser Sicht ist **Wissen** der Prozess der zweckdienlichen Vernetzung von Informationen. Wissen entsteht als Ergebnis der Verarbeitung von Informationen durch das Bewusstsein. Informationen sind sozusagen der Rohstoff, aus dem Wissen generiert wird und die Form, in der Wissen kommuniziert und gespeichert wird. So entsteht in einer Benchmarking-Studie Wissen dadurch, dass verschiedene Informationen vernetzt werden. Ein Bezug wird hergestellt, warum im Kontext des einen Entwicklungsprojektes bessere Ergebnisse erzielt werden als im Vergleichsprojekt.

Die Interpretation von Informationen kann insbesondere in unterschiedlichen kulturellen Kontexten sehr unterschiedlich ausfallen. Kopfnicken wird bei uns als Zustimmung interpretiert, in Griechenland wird Kopfnicken – in etwas anderer Form – jedoch als „nein“ interpretiert. Wissen ist daher geprägt von individuellen Erfahrungen, ist kontextspezifisch und an Personen gebunden. Eine „Wissensdatenbank“ kann es nicht geben. Es gibt aber sehr wohl Datenbanken, die Teilbereiche von Wissen als Informationen ablegen. Technisch geschieht dies durch entsprechende Zeichenfolgen.

In Anlehnung an *Probst et al. (1999)* definieren wir Wissen als die Gesamtheit der Kenntnisse, Fähigkeiten und Fertigkeiten, die Personen zur Lösung von Problemen einsetzen. Dies umfasst sowohl theoretische Erkenntnisse als auch praktische Alltagsregeln und Handlungsanweisungen.

Der Wert des Wissens wird für ein Unternehmen nur dann sichtbar, wenn das Wissen (Wissen WAS) in ein **Können** (Wissen WIE) umgesetzt wird, das sich in entsprechenden Handlungen manifestiert. Diese Feststellung ist insbesondere relevant für die Konzeption von Aus- und Weiterbildungsmaßnahmen. Es genügt nicht, dass Mitarbeiter in Seminaren Wissen erwerben, sondern das Umsetzen von Wissen in Fertigkeiten (Können) muss geübt werden. Das duale System der beruflichen Ausbildung basiert auf diesem „Dualismus“ zwischen Wissen was und gewusst wie.

Das Können wird jedoch nur konkret unter Beweis gestellt, d.h. in **Handlungen** umgesetzt, wenn eine Motivation, ein Antrieb dafür besteht. Können und Wollen sind entscheidend für das Ergebnis und führen beide zusammen letztendlich zur Wertschöpfung. Das Handeln liefert messbare Ergebnisse wie eine Person, eine Gruppe, eine Organisation aus Informationen Wissen generiert und dieses Wissen für Problemlösungen anwendet.

Diese Fähigkeit oder Kapazität wird auch als **Kompetenz** einer Person oder Organisation bezeichnet. Kompetenzen konkretisieren sich im Moment der Wissensanwendung. *Von Krogh und Roos (1996)* haben dies wie folgt formuliert: *„...we view competence as an event, rather than an asset. This simply means that competencies do not exist in the way a car does; they exist only when the knowledge (and skill) meets the task“.*

Die Kompetenz, Wissen zweckorientiert in Handlungen umzusetzen, unterscheidet den Lehrling vom Meister, den erfahrenen Entwickler vom Hochschulabsolventen, den Geigenschüler vom Virtuosen, die erfolgreiche Sportmannschaft vom brillanten Einzelspieler.

Als besonders wettbewerbsrelevant werden **Kernkompetenzen** *(Hamel/ Prahalad 1994)* einer Organisation angesehen. Kernkompetenzen sind ein Verbund von Fähigkeiten und Technologien, der auf explizitem und verborgenem Wissen beruht und sich durch zeitliche Stabilität und produktübergreifenden Einfluss kennzeichnet. Zusätzlich generieren Kernkompetenzen einen Wert beim Kunden, sind einzigartig unter Wettbewerbern, verschaffen Zugang zu neuen Märkten und sind nicht leicht imitierbar und transferierbar, sind synergetisch mit anderen Kompetenzen verbunden und machen das Unternehmen einzigartig bzw. besser als andere. In dieser Sichtweise repräsentieren Kernkompetenzen die Wettbewerbsfähigkeit eines Unternehmens.

Wissensorientierte Unternehmensführung bedeutet, alle Stufen der Wissenstreppe zu gestalten. Ist eine Stufe der Treppe nicht ausgebildet (z.B. fehlende Datenkompatibilität, unvollständige Informationsverfügbarkeit, fehlende Handlungsmotivation), so „stolpert“ man beim Begehen der Wissenstreppe. Die Umsetzung von Geschäftsstrategien oder das operative Geschäft werden behindert. Aus der Wissenstreppe lassen sich drei Handlungsfelder des Informations- und Wissensmanagements ableiten:

1. **Das strategische Wissensmanagement** durchläuft die Wissenstreppe von oben nach unten, um die Frage zu beantworten, welche Kompetenzen und daraus abgeleitet, welches Wissen und Können benötigt wird, um wettbewerbsfähig zu sein. Wissensziele sind aus Unternehmenszielen abzuleiten. Das strategische Wissensmanagement hat daneben ein Unternehmensmodell zu entwickeln, in dem die motivationalen und organisatorischen Strukturen und Prozesse konzipiert werden, die das Unternehmen fit für den wissensbasierten Wettbewerb machen.
2. **Das operative Wissensmanagement** beinhaltet insbesondere die Vernetzung von Informationen zu Wissen, Können und Handeln. Für den Erfolg wissensorientierter Unternehmensführung ist entscheidend, wie der Prozess, individuelles in kollektives Wissen und kollektives in individuelles Wissen zu transferieren, gestaltet wird. Hierbei kommt der Überführung von implizitem in explizites Wissen und umgekehrt große Bedeutung zu. Ohne wirksame Anreize findet dieser Prozess jedoch nicht statt. Operatives Wissensmanagement hat daher auch die Aufgabe, Rahmenbedingungen zu schaffen, die Anreize für Wissensaufbau, -teilung und -nutzung bieten.
3. **Informations- und Datenmanagement** ist eine Grundlage des Wissensmanagements. Wenn wir uns die Wissenstreppe ansehen, dann ist die Bereitstellung, Speicherung und Verteilung von Informationen Voraussetzung für Wissensaufbau und -transfer. Wie wir in Untersuchungen feststellen konnten, beginnen viele Unternehmen Initiativen unter dem Namen Wissensmanagement mit Maßnahmen des Informations- und Datenmanagement, stellen aber dann fest, dass die Informations- und Kommunikationstechnologien ohne entsprechende organisatorische und motivationale Rahmenbedingungen nur ungenügend genutzt werden *(vgl. North/Papp 1999).*

Zur Vertiefung des Wissensbegriffs soll im folgenden Exkurs auf die im zweiten Handlungsfeld angesprochene und für F&E besonders bedeutsame Transformation von individuellem und kollektivem Wissen und wiederum zu individuellem Wissen eingegangen werden. Um diesen Prozess zu beschreiben, werden zwei Arten von Wissen unterschieden: explizites Wissen (explicit knowledge) und implizites Wissen (tacit knowledge). Implizites Wissen stellt das persönliche Wissen eines Individuums dar, das auf ideellen Werten, Gefühlen der einzelnen Person beruht. Subjektive Einsichten und Intuition verkörpern implizites Wissen, das tief in den Handlungen und Erfahrungen des Einzelnen verankert ist *(zur Bedeutung des tacit knowledge in F&E vgl. Rüdiger/Vanini 1998).* Explizites Wissen ist dagegen methodisch, systematisch und liegt in artikulierter Form vor. Es ist außerhalb der Köpfe einzelner Personen in Medien gespeichert und kann u.a. mit

Mitteln der Informations- und Kommunikationstechnologie aufgenommen, übertragen und gespeichert werden. Dies trifft z.B. auf detaillierte Prozessbeschreibungen, Patente, Organigramme, Qualitätsdokumente usw. zu.

Nonaka und Takeuchi (1995) haben als Grundproblem des Wissensmanagements die Überführung von implizitem in explizites Wissen und vice versa formuliert. Die Autoren formulieren dies so: „*By organisational knowledge creation we mean the capability of a company as a whole to create new knowledge, distributed throughout the organisation and embodied in products, services and systems.*"

Nonaka und Takeuchi unterscheiden vier Arten der Wissenserzeugung und Wissenstransformation, wie in Abb. 2 dargestellt.

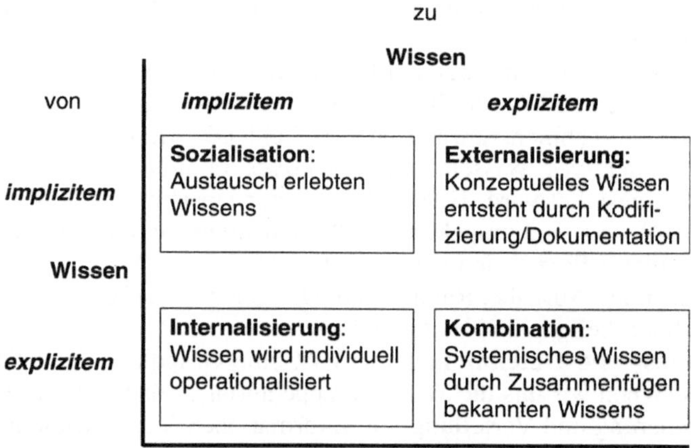

Abb. 2: Vier Arten der Wissenserzeugung/-transformation *(Nonaka/Takeuchi 1995, S. 72)*

- **Sozialisation**: von implizit zu implizit. Dieser Fall tritt ein, wenn zwei Personen implizites Wissen direkt austauschen, z.B. durch das Beobachten einer Person bei der Arbeit.
- **Externalisierung**: von implizit zu explizit. In diesem Grundmuster wird neues und für die Organisation verwertbares Wissen geschaffen. Dieses Grundmuster der Wissenstransformation nimmt eine Schlüsselstellung bei der Wissenserzeugung ein, da es implizites Wissen in explizite Wissenskomponenten überführt. Diese Externalisierung wird zum Beispiel durch den Dialog der Mitarbeiter, kollektives Nachdenken und Bewusstmachen von Wissen ausgelöst.
- **Internalisierung**: von explizit zu implizit. Das dokumentierte explizite Wissen muss von den Mitarbeitern durch Aufnahme, Ergänzung und Neuordnung ihres Wissens internalisiert werden. Dieser Prozess ist eng verwandt mit dem „learning by doing", mit der Schaffung von Handlungsroutinen bzw. dem Erwerb von Fertigkeiten.

– **Kombination**: von explizit zu explizit. Neues Wissen wird durch Kombination bereits bekannten expliziten Wissens erzeugt. Das Gesamtwissen eines Unternehmens wird dadurch aber nicht vermehrt, da bereits Bekanntes nur zusammengefasst oder in anderer Form dargestellt wird.

Zur Transformation des Wissens implizit/explizit und zur Übertragung vom Einzelnen auf die Gruppe bzw. Organisation haben *Nonaka u. Takeuchi* das Modell der „Spirale des Wissens“ postuliert, die in vier Phasen durchlaufen wird: Erstens, in der Phase der Sozialisation wird erlebtes Wissen, z.B. mentale Modelle, oder technische Fähigkeiten erzeugt. Zweitens, in der Phase der Externalisierung wird sogenanntes konzeptuelles neues Wissen produziert. Drittens, in der Phase der Kombination wird systematisches Wissen hervorgebracht, das sich in Prototypen, neuen Methoden oder neuen Geschäftsideen manifestiert. Viertens, in der Phase der Internalisierung wird operatives Wissen generiert.

Die Autoren erläuterten ihr Prinzip am Beispiel der Entwicklung einer Brotbackmaschine für private Haushalte durch die Entwickler von Matsushita in Osaka. Die Entwickler gingen zum bekannten Chefbäcker eines Hotels, um ihm seine Knettechnik abzuschauen und ein Verständnis für seine Art und Weise des Brotbackens zu gewinnen. Die Entwickler hatten also implizites Wissen des Chefbäckers in eine explizite Wissensform überführt, in Form klarer Spezifikation für das Produkt Brotbackmaschine und die Art und Weise, den Teig in dieser Brotbackmaschine zu kneten. Zunächst eignete sich die Entwicklungsleiterin die stillen Geheimnisse des Hotelbäckers an (Sozialisation), dann übersetzte sie diese Geheimnisse in explizites Wissen, das sie ihren Teammitgliedern und anderen bei Matsushita mitteilen konnte (Externalisierung). Anschließend normierte das Team dieses Wissen, fasste es in einem Hand- und Arbeitsbuch zusammen und ließ es in einem Produkt Gestalt annehmen (Kombination). Zum Schluss führten die Erfahrungen mit der Konstruktion des Neuprodukts beim Entwicklungsteam zu einer Vertiefung der eigenen impliziten Wissensbasis (Internalisierung).

Im eben beschriebenen Modell der Wissenstransformation wird jedoch nicht berücksichtigt, dass durch strukturelle bzw. motivationale Barrieren in der Organisation Wissen im Unternehmen ungleich verteilt ist sowie vorhandenes Wissen zum benötigten Zeitpunkt am gewünschten Ort nicht zur Verfügung steht.

3 Ansätze des Wissensmanagements

Zur Fragestellung, ob und wie sich die organisationale Wissensbasis verändern lässt, können wir zwei Denkrichtungen ausmachen, die sich in ihren Extrempositionen einerseits als „technokratisches Wissensmanagement“ und andererseits als „Wissensökologie“ bezeichnen lassen.

Das technokratische Wissensmanagement geht davon aus, dass aus den Unternehmenszielen deduktiv eindeutige Wissensziele abgeleitet werden können, Wissensaufbau und Wissensnutzung geplant, gesteuert und gemessen werden können. Wissen wird genauso bewirtschaftet wie Kapital, Material oder Betriebsmittel. Wissen wird weitgehend mit Informationen gleichgesetzt und als Objekt betrachtet.

Das technokratische Wissensmanagement geht davon aus, dass Unternehmen zentral gesteuert werden können, dass die zunehmende Komplexität beherrschbar ist, und dass wir es mit einer rationalen Entscheidungsfindung und mit einem sequenziellen Managementprozess im Unternehmen zu tun haben. Technokratisches Wissensmanagement setzt vielfach auf den Einsatz von Expertensystemen sowie Informations- und Kommunikationstechnik. Die Wissensentwicklung, die Generierung neuer Geschäftsfelder, die Erneuerung von innen heraus sowie das Lernen von externen Wissensquellen, kommen in dieser Sichtweise des Wissensmanagements nicht zur Geltung.

Die Sichtweise der Wissensökologie geht davon aus, dass Rahmenbedingungen oder Kontexte zu gestalten sind, in denen Wissen sich entwickeln kann und in denen Mitarbeiter motiviert werden, geschäftseinheits- und unternehmensübergreifend Wissen zu erwerben und zu nutzen. Die Wissensökologie betont den Prozesscharakter von Wissen und die Elemente der Selbstorganisation, um in einem sich schnell verändernden Umfeld zu agieren. Organisationen werden als dynamisch lernende Systeme begriffen, die sich durch die Auseinandersetzung mit ihrer Umwelt und mit sich selbst in einem kontinuierlichen Prozess erneuern (sog. autopoietische Systeme). Sie sind nicht beliebig steuerbar. Versuche, die komplexe Dynamik der selbsterzeugenden Organisation durch rigide Vorschriften und Kontrollen in den Griff zu bekommen, scheitern angesichts der Komplexität und der Geschwindigkeit des Wandels. Der Wissensökologie liegt ein nach außen offenes Unternehmen zu Grunde, das Raum schafft und Anreize bietet für unternehmerische Initiative, aber auch zur Zusammenarbeit. Wissensentwicklung und Wissensnutzung sind nicht immer planbar, sondern ad hoc, zum Teil dem Zufall überlassen und intuitiv. Elemente einer Wissensökologie sind:

- **ehrgeizige Ziele**, die nur durch Zusammenarbeit erreicht werden können,
- **ein Wertesystem**, das Offenheit für Neues und für Veränderungen, Zusammenarbeit und Authentizität fördert,
- **ein Anreizsystem**, das diese Werte unterstützt,
- **Träger und Medien**, die organisationales Lernen fördern.

Da in der Unternehmenspraxis sowohl Aspekte der Wissensökologie als auch des technokratischen Wissensmanagements koexistieren, wurden von einer Reihe von Autoren Modelle entwickelt, die sowohl Komponenten des klassischen Managementprozesses (Planung, Steuerung, Ergebnismessung) als auch Elemente der Wissensökologie beinhalten. Da diese Modelle das Wissensmanagement häufig in Phasen, Module oder Einzelschritte zerlegen, werden wir sie im Folgenden als **Phasenmodelle des Wissensmanagements** bezeichnen. Die Grundannahmen der drei unterschiedlichen Ansätze des Umgangs mit Wissen sind in Abb. 3 dargestellt.

Technokratisches Wissensmanagement	Phasenmodelle des Wissensmanagements	Wissensökologie
Wissen = Objekt Information	Wissen wird situativ Objekt bzw. Prozess	Wissen = Prozeß
Deterministischer Wissensaufbau und -transfer	Spezifische Kontexte und Steuerungsinstrumente in untersch. Phasen	Rahmenbedingungen ermöglichen selbststeuernde Lernprozesse
Rationale Entscheidungsprozesse	Rationale Entscheidungsprozesse dominieren	Emotional-rationale Entscheidungs- & Lernprozesse
Komplexität durch Wissenslogistik beherrscht	Komplexität wird durch Phasen, Module, Prozeßschritte reduziert	Komplexität durch Selbststeuerung reduziert

Abb. 3: Ansätze des Wissensmanagements

Beziehen wir diese drei Modelle auf Forschung und Entwicklung, so ist die Modellvorstellung der Wissensökologie geeignet für die Gestaltung und Lenkung von Forschungsprozessen, die ihrer Natur nach heuristisch, d.h. nicht planbar sind. Es gilt Rahmenbedingungen zu schaffen, die der Generierung von Ideen förderlich sind. Ein Minimum von reglementierenden Vorschriften gehört hier ebenso dazu wie Forschern „ihren Spleen", was zum Beispiel Kleidung oder Einrichtung der Arbeitsräume betrifft, zu lassen. Dass Kreativität insbesondere dann gefördert wird, wenn die Rahmenbedingungen stimmen, zeigen z.B. Untersuchungen über das Entstehen von Ideen. So hat *Jakobi (1997)* u.a. gezeigt, dass drei Viertel aller Ideen nicht am Arbeitsplatz entstehen.

Phasenmodelle des Wissensmanagements sind geeignete Modellvorstellungen für Entwicklungsprozesse, die gegenüber der Forschung eher deterministisch sind. Untersuchungen zeigen, dass Entwicklungsprojekte dann erfolgreich sind, wenn sie in zeitlich und finanziell kontrollierten Phasen ablaufen *(vgl. Stage-Gate-Ansätze, siehe auch Berth 1997)*.

Modelle des technokratischen Wissensmanagements sind geeignete Vorstellungen für Kodifizierung und Transfer expliziten Wissens. Als übergeordnete Ansätze für die Gestaltung von F&E sind sie jedoch ungeeignet.

Für die Gestaltung von Forschung und Entwicklung sind aus der Vielzahl bestehender Konzepte *(vgl. North 1999)* einige von besonderer Bedeutung. Aus wissensökologischer Sicht sind dies die Ansätze von *Leonard-Barton (1995)*, entstanden aus der Analyse von Innovationsprozessen bei der Stahlherstellung. *Leonard-Barton* hebt insbesondere auf die Möglichkeit des Experimentierens und der Fehlertoleranz ab. *Willke (1998)* hat mit dem Ansatz des systemischen Wissensmanagements die Theorien zur Gestaltung und Lenkung sozialer Systeme auf die Frage der Wissensgenerierung und -verteilung angewandt.

Die Ansätze von *Nonaka und Takeuchi (1995)*, die oben beschrieben wurden, und das Wissensmarktkonzept von *North (1999)* beinhalten sowohl Elemente der Wissensökologie als auch Elemente von Phasenmodellen. *Probst et al. (1999)* haben ein Bausteinkonzept entwickelt, in dem in Anlehnung an den klassischen Managementprozess Wissensziele gesetzt werden, die organisationale Wissensbasis transparent gemacht und verändert wird und anschließend das Ergebnis bewertet wird. Dieses Modell ist gut geeignet, einzelne Prozesselemente der Wissensgenerierung und -verteilung abzubilden mit einer Vielzahl von praktisch anwendbaren Methoden. Im Folgenden soll das Wissensmarktkonzept *(North 1999)* näher beleuchtet werden und spezifisch auf die Generierung und Verteilung von Wissen in F&E angewandt werden.

4 Das Wissensmarktkonzept

Wissen ist ungleich verteilt zwischen Personen innerhalb von Organisationen und über Organisationsgrenzen hinweg. Es gibt daher Wissensnachfrager und Wissensgeber, die nur gemeinsam die oben beschriebenen Prozesse der Wissensgenerierung bzw. Wissenstransformation in Gang setzen bzw. halten. Ein Wissensmarkt entsteht durch das Zusammenwirken von Wissensnachfragern und Wissensanbietern, die in Kontakt gebracht werden müssen. Im Wissensmarkt ist eine Transparenz zu schaffen zwischen Angebot und Nachfrage, Austauschmechanismen sind zu entwickeln und Wissen ist ein Wert zuzumessen. Vielfach dienen hierzu Wissensmittler, die als Dienstleister systematisch Kontakte knüpfen, Best Practices transferieren, Informationen bereitstellen, Interessen ausgleichen bzw. Lernprozesse steuern (vgl. Abb. 4).

Die Notwendigkeit von Wissensmittlern (Beziehungspromotoren, Gatekeeper) wird im Innovationsmanagement vielfach betont. Nach *Gemünden und Walter (1995)* tragen Beziehungspromotoren dazu bei, die Barrieren des „nicht voneinander wissen", des „nicht miteinander arbeiten können, wollen oder dürfen" zu überwinden. Beziehungspromotoren erbringen Leistungsbeiträge, indem sie Personen zusammenführen und soziale Bindungen fördern sowie als Übersetzer tätig werden, z.B. zwischen Forschern und Marketingfachleuten. So hat ein Unternehmen der Automobilindustrie die Stelle eines Wissenstransferpromotors in Forschung und Entwicklung geschaffen, der dann z.B. Erkenntnisse über nachwachsende Rohstoffe von Brasilien zum Tochterunternehmen nach Südafrika übertrug und aus ad hoc Kontakten dann Technologieforen anregte, die wiederum zu einem verstärkten Wissenstransfer führten. Ein spezifischer Wissensmarkt ist entstanden.

Diese Ausführungen verdeutlichen, dass bereits in der Innovationsforschung über die Frage eines Ausgleichs zwischen Wissensangebot und Wissensnachfrage nachgedacht wird, ohne jedoch über ein Gesamtkonzept zu verfügen. Das im Folgenden vorzustellende Wissensmarktkonzept ist ein Versuch, hier eine Lücke zu schließen.

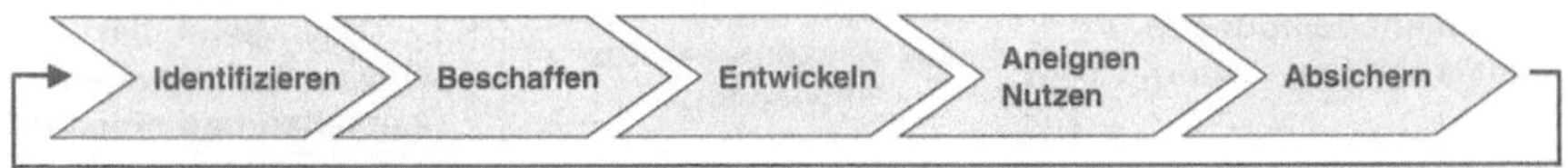

Wissensgeber

- **Welches Wissensangebot?**
- **Welcher Transferprozess?**
- **Welche Fachkompetenz?**

Wissensmittler

Welcher „Marktausgleich?"
- Koordination und Abstimmung
- Informationsverfügbarkeit
- Clearinghouse
- Interessenausgleich
- Systematisierung/ Standardisierung
- Steuerung von Lernprozessen

Wissensanwender

Welche Bedürfnisse?
- Themen
- Spezifität
- Zeiträume
- Budget
- Wert des Know-hows

Welche Kapazität und Kompetenz?
- eigene Know-How-Entwicklungen
- eigene Anpassung

Abb. 4: Der Wissensmarkt

Das Wissensmarktkonzept geht neben der Voraussetzung der Ungleichverteilung von Wissen davon aus, dass Wissen an Menschen gebunden ist mit ihren Interessen, Vorlieben, Fähigkeiten und Fertigkeiten. Wissenserzeugung und -transfer ist kein biochemischer Prozess wie etwa die Photosynthese; d.h. ein Gesamtkonzept wissensorientierter Unternehmensführung kann Wissen nicht losgelöst von Menschen und ihren Handlungsstrategien betrachten. Das Wissensmarktkonzept beinhaltet daher drei miteinander verbundene Komponenten (siehe auch Abb. 5).

1. **Rahmenbedingungen**: Unternehmensleitbild, Führungsgrundsätze und Anreizsysteme müssen individuellen Leistungsbeitrag, Erfolg von F&E und Beitrag zur Entwicklung des Gesamtunternehmens koppeln. Individueller Kompetenzaufbau sowie Beiträge zur organisationalen Wissensbasis müssen honoriert werden. Für F&E gilt insbesondere, dass die Rahmenbedingungen die Generierung von Ideen fördern sollten.
2. **Spielregeln**: Für den Wissensmarkt sind Regeln festzulegen, wie Wissensangebot und -nachfrage artikuliert werden, Anbieter und Nachfrager in Kontakt gebracht werden, wie Wissen ausgetauscht wird.
3. **Prozesse/Strukturen**: Es sind effiziente Träger und Medien des Wissensaufbaus und -transfers zu entwickeln, die in ihrem „Wissensspiel" die oben genannten Spielregeln umsetzen. Hier ist zunächst ein Wissensmanagementprozess zu gestalten. Weiterhin ist dieser Prozess umzusetzen durch entsprechende Akteure des Wissensmanagements sowie Medien und Organisationsstrukturen.

Rahmenbedingungen gestalten und steuern	Spielregeln des Wissensmarktes anwenden	Prozesse, Strukturen des operativen Wissensmanagements gestalten und steuern
"Unternehmensleitbild, Führungsgrundsätze und Anreizsysteme" 1.1 Verankerung des Wissensmanagements im Unternehmensleitbild 1.2 Erwünschtes Mitarbeiterverhalten beschreiben und Ist-Verhalten daran messen 1.3 Mitarbeiterselektion und -förderung gemäß erwünschtem Verhalten 1.4 Im Beurteilungs- und Vergütungssystem Kooperation und Gesamterfolg des Unternehmens honorieren	"Marktwert für Wissen" 2.1 Wissensmarkt schaffen 2.2 Marktausgleichsmechanismen wirksam werden lassen ▪ Interessencluster-Prinzip ▪ Leuchtturm-Prinzip ▪ Push- und Pull-Prinzip	"Träger und Medien der Wissensintegration" 3.1 Konzeption von Wissensmanagementprozessen 3.2 Umsetzen der Prozesse durch ▪ Akteure des Wissensmanagements ▪ Medien und Organisationsstrukturen (insbesondere Netzwerke) ▪ Informationstechnische Infrastruktur

Abb. 5: Das Wissensmarkt-Konzept

Diese drei Komponenten des Wissensmarktkonzeptes sollen nun, bezogen auf F&E, erläutert werden.

4.1 Rahmenbedingungen gestalten

Dierkes und Mitarbeiter (1997) haben im Rahmen ihrer Untersuchungen zur Technikgenese gezeigt, dass Innovationen abhängig von der Stabilität bzw. Wandlungsfähigkeit integrationsstiftender unternehmerischer Leitbilder sind. Leitbilder sind konstitutive Elemente einer gemeinsamen Unternehmenskultur, durch die soziale Gruppen durch die Anerkennung gemeinsamer Normen, Werte, Standards oder Regeln einen Bestand an kognitiven Repräsentationen als Verständigungsvoraussetzung schaffen *(vgl. auch Bleicher 1999)*. Während z.B. bei einem Unternehmen wie AEG-Olympia das Leitbild und die darunter liegenden Werte der Organisation Kontinuität und technologisches Verständnis beinhalteten, die das Verlassen traditioneller Entwicklungspfade der mechanischen Schreibmaschine und das Übergehen zum PC unmöglich machten, so fordern Leitbilder, Normen, Werte bei einem Unternehmen wie Hewlett-Packard das Überschreiten von produkt- und technologiebezogenen Grenzen. Unternehmen wie 3M pflegen die Mythen der Erfinder und Entwickler, die Grenzen traditioneller Produkte überschritten haben.

Zweites Element wissensfördernder Rahmenbedingungen sind ehrgeizige Ziele, die erst einen Wissensmarkt schaffen. Wenn z.B. 3M fordert, dass 25 % des Umsatzes mit Produkten zu erreichen sind, die jünger als fünf Jahre sind, so fördert das die aktive Suche nach neuen Produkten, den Wissensaustausch und die Rekombination von Wissen.

Als drittes Element sind im Beurteilungs- und Vergütungssystem individueller Leistungsbeitrag, Kooperation und Beitrag zum Gesamterfolg des Unternehmens zu honorieren. Dies kann für Entwickler z.B. heißen, dass ein Teil ihres Gehaltes vom Markterfolg der von ihnen entwickelten Produkte bestimmt wird. Auch in der Mitarbeiterbeurteilung bzw. im periodisch stattfindenden Mitarbeitergespräch sollten Kriterien des Wissensaufbaus und Wissenstransfers ihren Platz finden. Ein Unternehmen hat für seinen sogenannten Mitarbeiter- bzw. Führungskräftedialog zusätzliche Leitfragen erarbeitet, die den Umgang mit der Ressource Wissen thematisieren. So werden Mitarbeiter gefragt:

- Was haben Sie im vergangenen Jahr getan, um ihre eigene Kompetenz zu steigern?
- Wie haben Sie zur Weiterentwicklung der organisationalen Wissensbasis des Unternehmens beigetragen (z.B. durch Mitarbeit in Netzwerken, durch Einstellung von technologischen Neuerungen im Informationssystem, durch Bereitstellung von Projektberichten, Projektprofilen usw.).

Führungskräfte werden zusätzlich gefragt:

- Wie haben Sie den Kompetenzaufbau ihrer Mitarbeiter gefördert, ist es Ihnen gelungen, z.B. den Anteil der Neuprodukte am Umsatz nachhaltig zu steigern?
- Haben Sie neue Geschäftsfelder, Produktkonzepte, Technologien entwickelt?

Umsatz alleine oder verrechnete Projektstunden zählen immer weniger. Der Beitrag zur Erneuerung und Weiterentwicklung der organisationalen Wissensbasis wird ein gewichtiger Teil der Beurteilung und entscheidet über Aufstieg oder Abstieg. Neben diesen formellen Anreiz- und Beurteilungssystemen gibt es eine Vielfalt von Möglichkeiten, Mitarbeiter für die Zusammenarbeit und das Teilen von Wissen zu gewinnen. So hat ein Beratungsunternehmen, in Anlehnung an das Meilen-Gutschriftsystem von Fluglinien, eine Aktion gestartet „Wissen teilen gibt Meilen", in der Mitarbeiter denjenigen Kollegen Punkte geben können, die besonders hilfreich bei Problemlösungen oder Wissensweitergabe waren *(vgl. North 1999).* Im Abschnitt „Strukturen und Prozesse des operativen Wissensmanagement" wird weitergehend auf die Motivation von Wissensarbeitern eingegangen.

4.2 Spielregeln des Wissensmarktes

Im Wissensmarkt oder „Wissensspiel" sind drei grundlegende Spielregeln, die wir als Prinzipien formulieren, zu beachten. Das Interessen-Cluster-Prinzip hilft gemeinsame Interessen zu finden. Das Leuchttum-Prinzip unterstützt, Wissenstransparenz zu schaffen sowie Best Practices und führende Kompetenz herauszustellen. Das Push-Pull-Prinzip ermöglicht, Wissen nutzerspezifisch verfügbar zu machen. Sehen wir uns alle drei Prinzipien nacheinander an.

Das Interessen-Cluster-Prinzip sagt aus, dass kollektiver Wissensaufbau und Wissenstransfer nur dann erfolgreich sein werden, wenn die Beteiligten gemeinsame Interessen verfolgen. Auf einseitigen Nutzen ausgelegte Zusammenarbeit wird genauso wenig funktionieren wie ein Zusammentreffen von Mitarbeitern, die eigentlich nur wenige gemeinsame Interessen haben. An letzterem scheitert häufig der traditionelle Erfahrungsaustausch in Unternehmen. Es werden Mitarbeiter unter Umständen nach technologischen Kriterien zusammengebracht, die aber sonst kein gemeinsames Interesse haben. Wendet man jedoch das Interessen-Cluster-Prinzip an, dann gelingt es, Personen, Werke, Geschäftsgebiete usw. zusammenzubringen, die bezüglich einer Thematik ähnliche Entwicklungs- oder Verbesserungsinteressen haben. Man gruppiert unter mehreren Kriterien Zielgruppen ähnlicher Bedürfnisse. Anwendung findet das Interessen-Cluster-Prinzip z.B. bei der Strukturierung von Netzwerken, bei der Einrichtung von Diskussionsforen im Intranet des Unternehmens oder bei der Konzeption von Aus- und Weiterbildungsangeboten. Das Wort 'Cluster' (Wolke) ist der statistischen Analyse entnommen, in der Objekte nach mehreren Kriterien gruppiert werden. Cluster sind dann Gruppen von Personen oder Objekten, die unter Berücksichtigung mehrerer Kriterien jeweils ähnliche Charakteristiken aufweisen.

Das Leuchtturm-Prinzip: Leuchttürme stehen hoch und strahlen weit: Sie machen transparent, wo Wissen vorhanden ist, sie stellen führende Kompetenz bzw. Best Practices heraus. Leuchttürme können individuelle Experten eines Themas sein oder zum Beispiel „Centers of Excellence" bezogen auf spezifische Technologien oder Produkte: Sie sind führend in spezifischen Prozessen bzw. haben Vorbild- und Vorreiterfunktion. Leuchttürme ermitteln wir z.B. durch Benchmarking unternehmensintern oder auch unternehmensextern. In der Forschung lassen sich Leuchttürme, d.h. führende Labors oder Forschungsstätten anhand von Veröffentlichungen, Patenten oder „Peer ratings" relativ einfach identifizieren. Führende Kompetenz kann herausgestellt werden, z.B. in den gelben Seiten eines Unternehmens, in denen aufgeführt wird „wer weiß was?". Mitarbeiter können sich im Intranet des Unternehmens darstellen und ihre Kompetenz anbieten, Wissenslandkarten zeigen, an welcher Stelle welches Wissen zur Verfügung steht.

Das Push-Pull-Prinzip beantwortet die Frage wie Informationen und Wissen nutzerspezifisch verfügbar gemacht werden können. Während traditionell, dem Push-Prinzip folgend, Informationen und Wissen vielfach in Form von Berichten nach einer Rundlaufliste im Unternehmen zirkulierten, gehen Wissensunternehmen zunehmend dazu über, die Nachfrager nach dem Pull-Prinzip abrufen zu lassen, welche Information oder welches Wissen sie gerade benötigen. Das Push-Prinzip ist angebotsorientiert, der Know-how-Geber dominiert mit seinem Wissen, verursacht vielfach hohe Transaktionskosten und hat, wenn nicht Feedback-Schleifen eingebaut sind, eine geringe Treffsicherheit und stößt vielfach auf Umsetzungswiderstände der Anwender. Dem Pull-Prinzip folgend suchen sich die Wissensnachfrager ihre Partner, von denen sie Informationen und Wissen beschaffen. Traditionelle Stabs- oder Zentralabteilungen (z.B. zentrale F&E) müssen sich als Dienstleister gegenüber den Entwicklungszentren von Geschäftsbereichen behaupten, ein Angebot abgeben und ihre Kompetenz nachweisen. Durch dieses

Verfahren entsteht eine höhere Treffsicherheit. Im Allgemeinen wird eine bessere Leistung mit einem geringeren Aufwand erzielt. Hierzu ist jedoch die Fachkompetenz der Wissensanwender notwendig, geeignete Partner für Projekte auszuwählen.

Aus der Erfahrung von Aktionsforschungsprojekten scheint auf der Angebotsseite ein Informations-Push sinnvoll, um z.B. durch Veröffentlichung von Benchmarkingergebnissen und Best Practices (z.B. Entwicklungsaufwand und -zeiten als Konkurrenzvergleich) einen Veränderungsdruck zu schaffen. Das Gleiche gilt für Informationen zu Markttendenzen, technologischen Entwicklungen, Verluste von Marktanteilen, neue Produkte der Konkurrenten, aber auch positive Nachrichten über die Marktentwicklung des eigenen Unternehmens. Diese Informationen sollen Mitarbeiter motivieren, über Veränderungen und Verbesserungen nachzudenken. Ergänzt wird dieser 'Informations-Push' durch einen 'Wissens-Pull', d.h. Anwender entscheiden selbst, welches Wissen wie transferiert wird, mit wem sie zusammenarbeiten wollen.

4.3 Prozesse und Strukturen des operativen Wissensmanagements

Zur konkreten Umsetzung des Wissensmarktkonzeptes benötigen wir Träger (Personen, Prozesse, Organisationseinheiten) sowie Medien, die Informationen speichern und transportieren. Die folgenden Ausführungen beschränken sich auf den Wissensprozess in F&E sowie die Motivation der Wissensarbeiter. Eine weitergehende Darstellung des Konzepts findet sich bei *North (1999)*. Der Wissensprozess in F&E wird vereinfacht in die Abschnitte Wissensziele setzen, Wissen identifizieren, entwickeln und absichern gegliedert, die iterativ bei der Wissensgenerierung durchlaufen werden. Jeder Prozessabschnitt beinhaltet auch implizit Elemente der Wissensbewertung, die bei *North et al. (1998)* dargestellt sind. Relevante Fragen zur Gestaltung und Lenkung des Wissensprozesses sind in Form einer Checkliste in Abb. 6 zu finden. Neben der Konfigurierung des Wissensprozesses ist die Auswahl, Motivation und Förderung von Wissensarbeitern eine zentrale Frage wissensorientierter Unternehmensführung. Mitarbeiter in F&E sind oder sehen sich vielfach als Experten ihres Fachgebiets mit den von *Sveiby (1998)* beschriebenen Charakteristiken:

- **Experten zeichnen sich aus** durch eine profunde Kenntnis ihres Fachgebietes, zu dessen Entwicklung sie aktiv beitragen.
- **Experten mögen** komplexe Probleme, Fortschritte in ihrem Berufsfeld, Freiheit in der Suche nach neuen Lösungen, gut ausgestattete Arbeitsplätze/Laboratorien und öffentliche Anerkennung für ihre Leistungen.
- **Experten verabscheuen** Regeln, die ihre Freiheiten einengen, Routinearbeiten und Bürokratie.
- **Experten fehlen** häufig ausgeprägte Managementfähigkeiten.
- **Experten bewundern** Personen, die bessere Fachleute als sie selbst sind.
- **Experten verachten** machtorientierte Personen.

1 Wissensziele setzen
Welches Wissen benötigen wir zur Ereichung unserer strategischen und operativen F&E-Ziele (strategisches F&E-Wissensmanagement)? • Unser „Wissensportfolio“ (Beschreibung und Bewertung, Marktwert von Entwicklungsteams und Projekten?) • Welche „Wissenslücken“ müssen wir schließen? • Wollen wir das Wissen extern beschaffen oder intern entwickeln?
2 Wissen identifizieren
Welches Wissen haben wir? • „wer weiß was?“ in F&E, führende Expertise im Unternehmen (z.B. Gelbe Seiten, Wissensmittler) • Projekte und Pipeline-Projekte • eigene Patente, Lizenzen etc. • F&E Handbücher, Vorgehensweisen, Standards
3 Wissen beschaffen
Haben wir effektive Sensoren zur Informations- und Wissensbeschaffung entwickelt? • marktbezogene Sensoren (Wissensaustausch mit Marketing, Analyse von Konkurrenzprodukten und -projekten, Schlüsselkunden und deren Wissensträgern, allg. Kundenfeedback, Zulassungsbehörden etc.) • technologiebezogene Sensoren (neue Forschungsergebnisse, Technologien, Verfahren, Experten)
4 Wissen entwickeln
Management von F&E-Projekten unter Wissensgesichtspunkten • Prozess der Ideenfindung und Projektdefinition (Wissensverfügbarkeit und Strukturierung) • Integration von „lessons learned“ in Projektkonzeption • Staffing von Projekten („Gruppenintelligenz“, emotionale Intelligenz, Lernprozess jüngerer Forscher/Entwickler, Beziehungspromotoren) • Verständnis entwickeln über Prozess der Wissensgenerierung (Spirale des Wissens) • Rekombination von Wissen zur Schaffung neuer Geschäftsfelder (Potenziale erkennen und realisieren) • Wissensaustausch zwischen Forschung, Vorentwicklung, Entwicklung • Dokumentation von Projektablauf und -ergebnissen • Optimierter Wissensaustausch für effektives Simultaneous Engineering • Wissensbezogene Optimierung der Rotation zwischen F&E-Projekten und operativen Einheiten (auch Einarbeitungsprozess neuer F&E-Mitarbeiter)
5 Wissen absichern
Aus Projekten zu strukturierten Kompetenzen • Wie bündeln wir unser markt-, technologie-, produktbezogenes Wissen z.B. in Kompetenzzentren? • Aufgabenteilung und Zusammenarbeit zwischen zentraler F&E und bereichsbezogener F&E (wer ist wofür kompetent, Wissensaustausch, joint staffing, kooperative Projekte) • Erfahrungsaustausch (lessons learned in Projekten) • Patent-, Lizenz- und Markenmanagement

Abb. 6: Der Wissensprozess in Forschung und Entwicklung

Das Personalmanagement von Wissensarbeitern hat auf diesen Gegebenheiten aufzubauen und entsprechende Maßnahmen zur Rekrutierung, Motivation und Aus- und Weiterbildung zu treffen. Gezielter Wissensaufbau und -transfer scheint in F&E dann am besten möglich, wenn ein relativ stabiler Pool von Mitarbeitern in sich verändernden Konstellationen über längere Zeit zusammenarbeitet *(vgl. auch Hedlund 1994)*. Dies bedeutet, dass Unternehmen nicht in erster Linie Mitarbeiter unter dem Gesichtspunkt auswählen sollten, welches Wissen für ein aktuelles Projekt benötigt wird, sondern mit der Zielsetzung einer langfristigen Zusammenarbeit mit wechselnden Aufgaben. Bei der Rekrutierung von Mitarbeitern haben sich in den letzten Jahren aufwendige Auswahlverfahren durchgesetzt (z.B. mehrstufige Assessment Center), in denen Mitarbeiter nicht nur aufgrund ihres aktuellen Wissensstands ausgewählt werden, sondern vielmehr unter dem Gesichtspunkt, ob sie in den Kontext, in die Unternehmenskultur passen und inwieweit sie lernfähig/lernwillig sind und die Bereitschaft zeigen, offen mit anderen in wechselnden Teams zusammenzuarbeiten.

Der Einstellung folgt im wissensorientierten Unternehmen ein modularer Qualifizierungsprozess, der die neuen fachlichen Mitarbeiter sehr schnell mit realen Problemen konfrontiert, indem sie in Teams mit erfahreneren fachlichen Mitarbeitern eingebunden werden. In der Aus- und Weiterbildung wird das Zusammenarbeiten über Funktionsgrenzen hinweg geübt, so dass sich dadurch informelle Netzwerke bilden, die dann bei Bedarf genutzt werden können. Für F&E gilt dies insbesondere für die Vernetzung mit Beschaffung, Fertigung und Marketing/Verkauf.

Wie sind solche gut ausgebildeten fachlichen Mitarbeiter zu motivieren? Zunächst einmal durch eine Aufgabe bzw. wechselnde Aufgaben, die ihr Fachkönnen herausfordern. Die Praxis, jüngeren Mitarbeitern zu Beginn einfache Routineaufgaben zuzuweisen, erweist sich unter Wissensgesichtspunkten als fatal. Die Bewältigung herausfordernder Aufgaben führt zur Demonstration der fachlichen Kompetenz und damit zu Anerkennung als zweites Motivationselement. Diese Anerkennung, einerseits von Kunden und andererseits – noch viel wirksamer – von Fachleuten höherer Qualifikation, wird allgemein als ein sehr bedeutender Motivationsfaktor angesehen. Eine dritte Quelle der Motivation ist die Ermöglichung weiteren Lernens. Kann ein Mitarbeiter aufgrund hervorragender Leistung an einem hochkarätigen fachlichen Seminar teilnehmen oder sich für eine gewisse Zeit bei einem Topexperten seines Fachgebiets weiterbilden, so wird dies vielfach mehr geschätzt als eine Gehaltserhöhung. Der fünfte Motivationsfaktor ist eine Ausstattung mit leistungsfähigen Arbeitsmitteln. Dies kann ein leistungsfähiger Rechner sein, eine Laborausstattung, die dem fachlichen Mitarbeiter einerseits die Arbeit erleichtert, andererseits unter Kollegen einen gewissen Status verleiht, da in wissensorientierten Unternehmen die traditionellen Statussymbole keinen Platz mehr finden.

Die monetäre Entlohnung bleibt natürlich weiterhin ein Motivationsfaktor. Anreizsysteme, die sich am Erfolg des Gesamtunternehmens orientieren, z.B. durch Aktienoptionen, können hier ein positives Verhalten stimulieren und Ergänzung zu rein individuell konzipierten Anreizsystemen sein. Wenn es einem Unternehmen gelingt, ein auf seine fachlichen Mitarbeiter zugeschnittenes Anreizsystem zu entwickeln, dann wird sich die Motivationsspirale fachlicher Mitarbeiter in die richtige Richtung drehen: hohe Motivation führt zu hoher Produktivität und Qualität der Arbeit, die wiederum zu Erfolg beim Kunden führt. Dieser Erfolg resultiert in wirtschaftlichem Erfolg für das Unternehmen, was sich wiederum in großzügiger Kompensation in Weiterbildungsmöglichkeiten und Karriereentwicklung niederschlägt.

Die Thematik der Karriereentwicklung fachlicher Mitarbeiter in flachen Hierarchien ist eine zusätzliche Problematik wissensorientierter Unternehmen. Einerseits gibt es im wissensorientierten Unternehmen nur wenige Hierarchiestufen, andererseits sind nicht alle fachlichen Mitarbeiter interessiert bzw. geeignet, Managementfunktionen zu übernehmen. Für fachliche Mitarbeiter, die Managementpositionen übernehmen wollen und dazu fähig sind, bietet sich eine Aufstiegsmöglichkeit in die mittlere Führungsebene. Der Aufstieg wird im Allgemeinen nach hartem, aber nicht unbedingt unkollegialem internen Konkurrenzkampf, regelmäßigen Leistungsbewertungen und Feedbacks möglich. Talente werden immer feiner ausgesiebt. Ein schnellerer Aufstieg ist immer dann möglich, wenn das Unternehmen entsprechend wächst. Der Aufstieg im Wissensunternehmen ist daher sehr eng mit der Rate des Wachstums dieses Unternehmens verbunden. Hochqualifizierte Forscher, die jedoch keine Managementaufgaben anstreben bzw. deren fachliche Kompetenz dem Unternehmen zuviel wert ist, um sie in Managementpositionen zu „verschleißen", sollten in einer getrennten Fachlaufbahn aufsteigen können und in ihrer Vergütung bzw. ihren Kompetenzen dem Status oberer Führungskräfte angenähert werden.

Trotz all dieser Motivationsmechanismen werden Unternehmen weiterhin fachlich qualifizierte Mitarbeiter verlieren. Um jedoch nur die Mitarbeiter und nicht deren Wissen vollständig zu verlieren, sollten wissensorientierte Unternehmen darauf achten, dass diese Wissensträger ständig ihr Wissen im Informationssystem des Unternehmens speichern, in den unternehmensinternen Kompetenznetzwerken ihr Wissen weitergeben sowie neue Mitarbeiter anlernen und coachen.

5 Kongruenz von Innovations- und Wissensstrategie

Das vorangehend beschriebene Wissensmarktkonzept gibt zwar allgemeine Handlungsanweisung für die Gestaltung von F&E unter Wissensgesichtspunkten, ist jedoch kein Rezept für die Ausgestaltung der Innovationsstrategie. Im Folgenden soll daher auf die Zusammenhänge zwischen Innovationsstrategie und Wissensstrategie eingegangen werden. Die Studie des *BMBF (1998)* zur technologischen Leistungsfähigkeit Deutschlands hat gezeigt, dass das deutsche Innovationssystem eher Innovationen hochwertiger Produkte entlang vorgezeichneter Entwicklungslinien mit hoher Wertschöpfung in etablierten Sektoren fördert. Wir nennen diese Art von Innovation kumulative Innovation. Andererseits fördert das US-Innovationssystem eher Innovationen neu aufkommender Technologien und Sektoren. Wir nennen dies radikale Innovation. Die BMBF-Studie hat auch gezeigt, dass beide Innovationsstrategien durch unterschiedliche Wissensstrategien unterstützt werden. Wissensaufbau bei kumulativer Innovation setzt auf sogenannte Plattformtechnologien, die dann kontinuierlich weiterentwickelt werden. Es kommt zu einer Wissensakkumulation. Lieferanten und ggf. Kunden werden verstärkt als Entwicklungspartner einbezogen. Die Wissensentwicklung ist weitgehend vorhersehbar. Das Leitbild betont bei kumulativer Innovation die Kontinuität. Es gibt sogenannte „verbotene" Technologien. Die Produktion ist als sogenannte diversifizierte Qualitätsproduktion angelegt, erfordert komplexe Produktionsprozesse, Wartungsdienstleistungen sowie enge Kundenbeziehungen. Produkte und Prozesse werden in langfristiger Zusammenarbeit mit den Kunden verbessert. Mitarbeiter verbleiben lange Zeit im gleichen Unternehmen und akkumulieren implizites Wissen. Die Berufsaus- und -weiterbildung ist sehr spezifisch auf einzelne Berufsbilder, Branchen bzw. Unternehmen ausgerichtet. Es bildet sich eine Identität, bezogen auf das Unternehmen oder die Branche heraus. Innerhalb des Unternehmens oder des Sektors ist das Wissen breit verteilt, es gibt keine ausgesprochenen Wissenseliten. Zwischen Unternehmen findet ein kooperativer Technologietransfer statt, häufig unterstützt durch Branchenverbände oder staatliche Stellen. Technische Standards werden konsensorientiert gesetzt.

Im Gegensatz hierzu beruht der Wissensaufbau bei radikaler Innovation auf einer Kombination von Spitzentechnologien und Dienstleistungen. Der entscheidende Unterschied des deutschen im Vergleich zum anglo-amerikanischen Innovationssystem liegt jedoch nicht in einem schwächer ausgeprägten Sektor Spitzentechnologie, sondern in einem kleiner dimensionierten Dienstleistungssektor *(WZB 1999)*. Das Leitbild bei radikaler Innovation betont Veränderung und vermeidet Technologietabus. Die Ideenökonomie radikaler Innovation wird unterstützt durch kurzlebige, diskrete Prozessinnovationen. Es wird davon ausgegangen, dass die Produktionskosten neuer Produkte sehr schnell sinken und daher eine Produktion bzw. Verteilung im Extremfall in der Softwareindustrie mit gegen Null gehenden Kosten möglich ist. Radikale Innovationen werden unterstützt durch eine hohe Mitarbeitermobilität zwischen Berufen, Branchen und Unternehmen. Es bilden sich Wissenseliten heraus. Dies bedeutet im Softwaresektor, dass z.B. ein höchstqualifizierter Softwareentwickler mit einem neuen Produkt den gesamten Markt verändern kann, so dass in diesem Sektor individuelle Höchstleistungen und nicht eine breite Verteilung von guten Entwicklungsleistungen gefragt ist. Die Wissensgenerierung wird durch Venture-Unternehmer geprägt, welche die besten Köpfe mit den besten Ideen abwerben. Technische Standards werden in einem Konkurrenzkampf gesetzt, wie wir in den vergangenen Jahren im Elektronik- und Softwarebereich gesehen haben.

Die beiden hier dargestellten Innovationsstrategien, kumulative Innovation und radikale Innovation, können auch in verschiedenen Geschäftsbereichen eines einzelnen Unternehmens koexistieren. Das bedeutet, dass es die eine Innovations- und Wissensstrategie in einem Gesamtunternehmen gar nicht geben muss, sondern dass unterschiedliche Kontexte, Subkulturen in einem Unternehmen geschaffen werden, die das jeweils gewünschte Innovationsmodell unterstützen.

Die hier dargestellten Überlegungen zur Verbindung von Innovations- und Wissensstrategie erfordern in vielen Aspekten noch eine empirische Validierung und können daher Modell für eine Erforschung des F&E-Managements im nächsten Jahrzehnt sein, um den zu Beginn des Aufsatzes genannten Herausforderungen gerecht zu werden. Unternehmer, Forscher und Entwickler können wir nur auffordern: Cogitate incognita! Denken Sie das Unbekannte, das Neue, und setzen Sie es in die Praxis um!

6 Literatur

Baddracco, J. L. (1991), The Knowledge Link: How Firms Compete Through Strategic Alliances, Boston (Mass.) 1991

Berth, R., (1994), Der große Innovationstest, Düsseldorf 1994

Bleicher, K., (1999), Das Konzept integriertes Management, 5. Auflage, Frankfurt/Main 1999

BMBF (1998), Zur technologischen Leistungsfähigkeit Deutschlands – Zusammenfassender Endbericht, Bonn 1998

Brockhoff, K. (1988), Die großen Drei im Test, in: manager magazin, 10/88, S. 184–197

Bürgel, H. D. (Hrsg., 1998), Wissensmanagement, Berlin 1998

Dierkes, M. (Hrsg., 1997), Technikgenese, Berlin 1997

Gemünden, H. G.; Walter, A. (1995), Der Beziehungspromotor – Schlüsselperson für Inter-organisationale Innovationsprozesse, in: Zeitschrift für Betriebswirtschaft, 9/95, S. 971–986

Gassmann, O. (1997), Organisationsformen der internationalen F&E in technologieintensiven Großunternehmen, in: Zeitschrift für Führung und Organisation, 6/97, S. 332–339

Hamel, G.; Prahalad, C. K. (1994), Competing for the Future, Boston (Mass.) 1994

Hedlund, G. (1994), A Model of Knowledge Management and the N-form Corporation, in: Strategic Management Journal, Special Issue, 15/94, S. 73–90

Jakobi, J.M. (1997), Kontinuierlich verbessern: Jeder kann kreativ sein, 2. Auflage, Stuttgart 1997

Krogh, G. von; Roos, J. (1996), Five Claims on Knowing, in: European Management Journal (14), 4/96, S. 423–426

Leonard-Barton, D. (1992), Core Capabilities and Core Rigidities: A Paradox in Managing New Product Development, in: Strategic Management Journal, Special Issue, 13/92, S. 111–125

Leonard-Barton, D. (1995), Wellsprings of Knowledge: Building and Sustaining the Sources of Information, Boston (Mass.) 1995

Lullies, V.; Bollinger, H.; Weltz, F. (1993), Wissenslogistik – Über den betrieblichen Umgang mit Wissen bei Entwicklungsvorhaben, Frankfurt/M. 1993

Nonaka, I.; Takeuchi, H. (1995), The Knowledge Creating Company, Oxford 1995

North, K.; Probst, G. (1998), Innovation: Wertschöpfung durch Wissen (unveröffentlichtes Arbeitspapier), Genf/Wiesbaden 1995

North, K.; Probst, G., Romhardt, K. (1998), Wissen messen – Ansätze, Erfahrungen und kritische Fragen, in: Zeitschrift für Führung und Organisation, 3/98, S. 158–166

North, K. (1999), Wissensorientierte Unternehmensführung, 2. Auflage, Wiesbaden 1999

North, K.; Papp, A. (1999), Erfahrungen bei der Einführung von Wissensmanagement, in: io-management, 4, S.18–22

Probst, G.; Raub, S., Romhardt, K. (1999), Wissen managen, 3. Auflage, Wiesbaden 1999

Rüdiger, M.; Vanini, S. (1998), Das Tacit Knowledge-Phänomen und seine Implikationen für das Innovationsmanagement, in: Die Betriebswirtschaft, 4/1998, S. 467–480

Sveiby, K. E. (1998), Wissenskapital – das unentdeckte Vermögen, Landsberg 1998

Tidd, J.; Bessant, J.; Pavitt, K. (1997), Managing Innovation: Integrating Technological, Market and Organizational Change, Chichester 1998

Willke, H. (1998), Systemisches Wissensmanagement, Stuttgart 1998

WZB (1999), Innovation – Made in Germany, WZB-Mitteilungen 84, S. 15–18

Die Auswirkungen der Globalisierung auf das Management von Forschung und Entwicklung

Prof. Dr. Alexander Gerybadze
Inhaber des Lehrstuhls für Betriebswirtschaftslehre, insbesondere Internationales Management, Universität Hohenheim

1 Einleitung

Das Thema „Globalisierung" hat in den letzten Jahren immer stärker die Diskussion in der Wirtschaft, Politik und Wissenschaft geprägt. Wirtschaftswissenschaftler haben die Auswirkung der Globalisierung auf Produktion und Beschäftigung untersucht und wiederholt die Frage nach der Position des Standorts Deutschland aufgeworfen. Von besonderem Interesse ist die Frage, wie sich durch die Globalisierung Forschung und Entwicklung in den Unternehmen verändern wird und wie Manager ihre internationalen Innovationsstrategien neu überdenken. Die Forschungsstelle Internationales Management und Innovation an der Universität Hohenheim hat auf diesem Gebiet einen Schwerpunkt aufgebaut und betreibt regelmäßig ein Monitoring der aktuellen Veränderungen und der wichtigsten Managementtrends in multinationalen Unternehmen.

Berücksichtigt man die vorhandenen Ausbildungs- und Forschungsprogramme an den Universitäten Stuttgart und Hohenheim ebenso wie die starke Konzentration von industrieller F&E und nicht zuletzt auch die Tätigkeit der universitären und außeruniversitären Forschungsinstitute im unmittelbaren Umfeld, so kann man von einem starken Kompetenzverbund sprechen. Gerade in den Bereichen F&E-Management, Technologie- und Innovationsmanagement und neuerdings auch auf den Gebieten Wissensmanagement und innovative Dienstleistungen gibt es hier einen außerordentlich interessanten Verbund.

Wir haben uns in diesem Zusammenhang auf den internationalen Aspekt zu diesen vielversprechenden Wissensbereichen konzentriert. Welche Anstöße gehen von der Globalisierung aus und wie werden Forschungs- und Entwicklungsprojekte länderübergreifend durchgeführt? Wie organisieren internationale Unternehmen ihr Wissen und ihre Kompetenzzentren über mehrere Standorte hinweg? Welche Probleme treten dabei auf und welche Ansätze zur Lösung der doch gravierenden Managementprobleme lassen sich beobachten? Zu diesen Fragen sollen einige Ergebnisse aus unseren laufenden Forschungsprojekten vorgestellt werden.

Der folgende Beitrag gliedert sich in drei Teile. In einem ersten Teil analysieren wir, wie F&E- und Innovationsmanagement in großen, multinationalen Unternehmen organisiert wird und welche strategischen Veränderungen sich in den letzten Jahren abzeichnen. In welchem Maße erfasst die Globalisierungswelle auch die Forschung und Entwicklung in Unternehmen und welche positiven und auch negativen Folgewirkungen ergeben sich daraus?

In einem zweiten Teil wird auf die treibenden Kräfte für die internationale Standortwahl näher eingegangen. Wir gehen in diesem Zusammenhang insbesondere auf die Frage ein, wie Unternehmen F&E-Labors und Wissenszentren auf mehrere internationale Standorte verteilen. In letzter Zeit wird in diesem Zusammenhang von Kompetenzzentren oder sog. Centers-of-excellence gesprochen. Nach welchen Kriterien werden solche Kompetenzzentren aufgebaut und wo werden sie jeweils angesiedelt? Die Bildung von Kompetenzzentren impliziert, dass es auch weniger kompetente Zentren bzw. Peripheriebereiche gibt. Dies hat ganz entscheidende Auswirkungen auf die innerbetriebliche Zusammenarbeit und Hierarchiebildung. Es verschärft sich dadurch aber auch das Spannungsfeld von unternehmerischen Investitionsentscheidungen und Standortpolitik. Der dritte Teil geht auf Strategien der Bündelung auf ganz bestimmte nationale bzw. auch regionale Kompetenzzentren ein. Wie verändert sich dadurch das Kräftespiel zwischen global handelnden multinationalen Unternehmen einerseits und nationalen Regierungen auf der anderen Seite? Sind Strategien internationaler Unternehmen und Prioritätensetzungen der nationalen Forschungs- und Innovationspolitik untereinander kompatibel? Welche Folgerungen ergeben sich daraus für die Standortpolitik und für die Bildungs- und Forschungspolitik in einzelnen Bundesländern, aber auch für die Innovationspolitik auf nationaler Ebene?

2 Trends der Globalisierung von Forschung und Entwicklung

2.1 Zwei gegenläufige Beobachtungen

Forschung und Entwicklung (F&E) vollzieht sich im Spannungsfeld von Globalisierung und räumlicher Schwerpunktbildung. Dieses Spannungsfeld beeinflusst auch das Zusammenspiel der Akteure aus großen internationalen Unternehmen, aus der Politik ebenso wie von Entscheidungsträgern und Spezialisten, die eher regional tätig sind. Dazu zwei gegenläufige Thesen, die bewusst pointiert dargestellt werden.

These 1: „Global total“
Diese These hat in den letzten Jahren die Globalisierungsdebatte geprägt und wurde in mehreren Büchern und Zeitschriftenaufsätzen als „global total“ bezeichnet. Hierbei gehen die Autoren von einer weitest gehenden Globalisierung aller Geschäftsprozesse aus. Global operierende Unternehmen treffen die Standortwahl rein nach einem betriebswirtschaftlichen Kalkül. Sie betreiben Arbitrage über

verschiedene Standorte hinweg und stellen dabei Kostenüberlegungen in den Vordergrund. Relative Faktorkosten, hier vorzugsweise Lohnkosten, bilden das treibende Motiv für die Standortwahl. Gerade letztere stehen in der politischen Debatte um die internationale Wettbewerbsfähigkeit ganz oben auf der Agenda.

Global operierende Unternehmen sind weitestgehend geographisch ungebunden; sie werden als „vaterlandslose Gesellen" tituliert, für die oft sogar der wirtschaftliche bzw. rechtliche „Stammsitz" nicht mehr ganz eindeutig zugeordnet werden kann. Manager sind ihren Shareholders verpflichtet, zeigen aber wenig Loyalität gegenüber nationalen Regierungen und regional konzentrierten Anspruchsgruppen. Sie spielen die Standorte mehr oder weniger gegeneinander aus und optimieren nach betriebswirtschaftlichen oder steuerlichen Kriterien.

Diese Sichtweise des „global total" führt zu einem deutlichen Antagonismus und zu starken Konflikten zwischen nationalen Regierungen und multinationalen Unternehmen. Im günstigsten Fall liegt eine indifferente Beziehung vor, gekennzeichnet durch gegenseitige Ignoranz zwischen Entscheidungsträgern aus Unternehmen und Politik. Diese polarisierte Sichtweise prägte gerade in den letzten Jahren die heftige Diskussion um die Globalisierung. Zumindest im deutschsprachigen Raum ist man eher etwas kulturkritisch und neigt dieser überzeichneten Position zu.

These 2: „Renaissance von Kompetenzclustern"

Gleichzeitig wird von vielen Wissenschaftlern (Ökonomen, Sozialwissenschaftlern, Regionalforschern), aber auch von Managern die Meinung vertreten, dass der Standort und das lokale Umfeld irgendwie doch eine wichtige Rolle spielen. Zumindest für bestimmte Aktivitäten und Leistungsbereiche können Standorte von strategischer Bedeutung sein. Für hochentwickelte Branchen und Wissensbereiche ist Know-how hochgradig konzentriert und man spricht in diesem Zusammenhang von sog. „Kompetenzclustern". Die Globalisierung der Wirtschaft schreitet zwar immerfort voran, diese geht aber zugleich mit einer Konzentration von Kompetenz an wenigen hochentwickelten Standorten der Welt einher.

Diese Parallelisierung verleitet Firmen dann dazu, ihre wirtschaftlichen Aktivitäten zum einen immer mehr über den Globus zu verteilen. Gleichzeitig betonen sie aber: wirkliche Spitzenkompetenz finden wir nur an ganz wenigen hochentwickelten Zentren in der Welt. Multinationale Unternehmen richten somit einerseits ihre Standortwahl nach reinen Kosten- und Profitabilitätsüberlegungen aus. Sie identifizieren aber zugleich strategische Optionen und Suchfelder auf bestimmten, vielversprechenden Gebieten.[1]

Für die als strategisch ausgewählten Felder, für besonders wertschöpfende Aktivitäten und für Innovationen gehen sie eher an wenige führende Innovationszentren der Welt: Silicon Valley, die Greater Boston Area, ausgewählte Spitzenzentren in Asien und, so bleibt zu hoffen, auch in hochentwickelte Agglomerationszentren in Deutschland.

---

[1] Dieses Argument der beständigen Suche multinationaler Unternehmen nach Optionen für neue Geschäfte im Ausland wird insbesondere von *Dunning (1996)*, *Kogut (1991)* und *Stopford (1994)* hervorgehoben.

2.2 Empirische Untersuchungen zur Globalisierung von F&E

Zur Entwicklung der F&E-Internationalisierung liegen systematisch erhobene empirische Befunde vor. Unser Forschungsinstitut führt seit mehreren Jahren Untersuchungen zum Thema „International R&D and Innovation Study“ (abgekürzt: INTERIS) durch. Im Rahmen dieser Studie wurde eine Datenbasis von anfänglich 21 Unternehmen aufgebaut, die in den letzten zwei Jahren systematisch auf 40 multinationale Firmen erweitert wurde. Zu diesen 40 Unternehmen wurden über einen längeren Zeitraum Kennzahlen und wichtige Strukturparameter sowie Veränderungen der Organisation und der „Best practices“ zum Technologiemanagement erfasst. Im Laufe der Jahre wurden zu diesen 40 Unternehmen sehr enge Beziehungen aufgebaut und es werden regelmäßig Interviews durchgeführt und ein beiderseitiger Erfahrungsaustausch gepflegt. Die Unternehmen in diesem Sample sind in der Automobil- und Zulieferindustrie, in der chemisch-pharmazeutischen Industrie, in der Elektronik und Informationstechnik, im Bereich Maschinen- und Anlagenbau, in der Energietechnik sowie in der Luft- und Raumfahrtindustrie tätig. In diesen Industrien wählen wir bewusst diejenigen Unternehmen aus, die im Hinblick auf Internationalisierung, Innovationsmanagement und F&E-Internationalisierungsgrad besonders weit vorangeschritten sind. Die folgenden Kernfragen standen bei unseren Untersuchungen im Vordergrund:

(1) Nach welchen Kriterien verteilen diese Unternehmen eigentlich ihre F&E-Standorte weltweit?
(2) Wie arbeiten diese verschiedenen Standorte miteinander zusammen, wie arbeiten globale Teams und wie sieht Produktentwicklung über Standorte hinweg aus?
(3) Welche neuen Koordinationsmechanismen bilden sich heraus und welche Funktion übernimmt dabei jeweils das Headquarter?
(4) Wie managen diese Unternehmen Kompetenzzentren und nach welcher Systematik werden Kompetenzzentren ausgewählt?
(5) Welche Implikationen ergeben sich aus dieser Zentrenbildung für das Verhältnis und die Zusammenarbeit zwischen multinationalen Unternehmen und nationalen Innovationssystemen? [2]

Ergänzend zu diesen Untersuchungen, die bei ausgewählten Unternehmen in die Tiefe gehen, stützen wir uns auch auf breiter angelegte empirische Erhebungen ab.

[2] Die Ergebnisse dieser INTERIS-Studie aus der ersten Phase (Basis 21 Unternehmen) werden dargestellt in *Gerybadze et al. (1997)* und in *Gerybadze u. Reger (1999)*. Die neueren Untersuchungen (Basis 40 Unternehmen) sind zusammengefasst in *Gerybadze (1999)*.

Die Forschungsstelle Internationales Management und Innovation ist eingebunden in ein internationales Konsortium, das Benchmark-Erhebungen auf breiter Datenbasis durchführt.[3] Die Ergebnisse dieser Breitenerhebung werden herangezogen, um die Befunde aus der INTERIS-Studie zu validieren.

2.3 Beobachtungen zum Internationalisierungsgrad von F&E

Zunächst einmal zu der Frage nach dem quantitativen Ausmaß der Internationalisierung von F&E und nach den Veränderungen, die sich gerade in letzter Zeit abzeichnen. Hierbei wird erfasst, welchen Anteil ihrer F&E multinationale Unternehmen außerhalb ihres Stammlandes tätigen.[4] Die empirischen Befunde belegen einen kontinuierlich zunehmenden Anteil der im Ausland getätigten F&E. Mehr und mehr wertschöpfende Aktivitäten im Entwicklungsbereich werden außerhalb des Stammlandes getätigt. Immer öfter werden Innovationsprojekte im Ausland angestoßen und durchgesetzt.

Der Internationalisierungsgrad von F&E muss aber sehr differenziert nach Industrien und nach Ländergruppen analysiert werden. Unternehmen aus bestimmten Ländern sind ausgesprochen weit bei ihrer Internationalisierung vorangeschritten, während andere F&E noch überwiegend im Stammland durchführen. Dies hängt im Wesentlichen von der Größe des Stammlandes und von der vorherrschenden Strategie ausländischer Direktinvestitionen ab *(vgl. dazu die Darstellungen in Gerybadze 1999)*. Firmen aus hochentwickelten kleineren Ländern sind in dieser Hinsicht die Vorreiter. Belgien (64% F&E-Auslandsanteil), Niederlande (58%) und die Schweiz (47%) finden sich an der Spitze, gefolgt von Schweden, Kanada, Norwegen und Finnland.[5]

Unternehmen aus den großen Industriestaaten sind weniger stark mit F&E im Ausland präsent. Besonders aktiv sind hier multinationale Unternehmen aus Großbritannien (ca. 40% F&E-Auslandsanteil). Deutsche Unternehmen befinden

---

[3] Im Rahmen dieser „Global Benchmark Survey on the Strategic Management of Technology" wurden in Zusammenarbeit mit dem MIT, dem Fraunhofer-Institut und NISTEP per Fragebogen weltweit über 400 der führenden F&E-betreibenden Unternehmen angeschrieben. Von 220 dieser Unternehmen liegen detaillierte empirische Befunde vor. Diese Ergebnisse befinden sich in Vorbereitung zur Veröffentlichung. Siehe dazu u.a. *Roberts* (1999).

[4] Der Internationalisierungsgrad wird durch sog. FTO-Ratios erfasst (Foreign-to-total-operations). Hierbei werden FTO-Ratios zu unterschiedlichen F&E-Kennzahlen erfasst (z.B. Anteil der F&E-Ausgaben bzw. Anteil der F&E-Beschäftigten im Ausland). Zu diesen empirischen Kennziffern siehe Gerybadze et al. (1997).

[5] In diesen kleineren Ländern wurde auch das Phänomen der F&E-Internationalisierung früher mit entsprechender Aufmerksamkeit untersucht. Die anfänglichen Untersuchungen zu unserer INTERIS-Studie wurden auch nicht zufällig in St. Gallen initiiert, wo der Autor zwischen 1991 und 1995 ein Forschungs- und Lehrprogramm zum Technologiemanagement aufbaute. Zum damaligen Zeitpunkt erreichten viele Schweizer Firmen einen kritischen Schwellenwert (50 % der F&E im Ausland) und dies lenkte mehrere Forscher auf Fragen des Managements länderübergreifender Entwicklungsteams. Zugleich wurde immer stärker auf die Gefahren der Auslagerung von Kompetenzen hingewiesen.

sich mit ca. 15 % Auslandsanteil ihrer F&E eher im Mittelfeld, ähnlich wie Firmen aus Frankreich und Italien. Folgt man diesen Angaben, die allerdings auf das Jahr 1995 zurückgehen, so sind U.S.-Unternehmen – mit wenigen Ausnahmen – noch nicht sehr weit vorangeschritten, was die F&E-Auslandsexpansion anbetrifft (im Durchschnitt nur 8%). Die USA spielen jedoch als Zielland für ausländische Direktinvestitionen eine deutlich stärkere Rolle (mehr dazu in Teil 2.4). Japanische Unternehmen sind zwar auf bestimmten Feldern mit F&E im Ausland aktiv. Im Vergleich mit den anderen Industriestaaten ist jedoch Japan bislang nur in sehr geringem Maße in die internationale F&E-Verflechtung eingebunden.[6]

2.4 Einige skeptische Fragen zur F&E-Globalisierung

Wenn wir aufgrund dieser empirischen Befunde von F&E-Globalisierung sprechen, so meinen wir, F&E sei über viele Länderstandorte verteilt und multizentrisch. Dies ist nur in bestimmten Industrien und Unternehmen tatsächlich der Fall. Betrachtet man die empirischen Untersuchungen genauer, so zeigt sich: für viele europäische Unternehmen (ebenso wie für japanische Firmen) ist Internationalisierung von F&E gleichbedeutend mit einer Amerikanisierung von F&E. Viele Unternehmen betreiben F&E nach wie vor primär im Stammland und wenn sie im Ausland tätig werden, dann vorzugsweise am weiterhin führenden F&E-Zentrum, d.h. in den Vereinigten Staaten. Internationalisierung ist für viele Unternehmen noch immer gleichzusetzen mit der Bildung von zwei maßgeblichen Zentren weltweit, von denen eines in der Regel in den USA angesiedelt ist.

Dieser Trend zur Amerikanisierung von F&E findet sich insbesondere bei britischen, deutschen und niederländischen Unternehmen, die zwischen zwei Dritteln und drei Vierteln ihrer ausländischen F&E in den USA konzentriert haben. Gerade in den 90er Jahren gab es eine starke Bewegung vieler europäischer Unternehmen, vorzugsweise in den USA F&E-Zentren aufzubauen. Etwas differenzierter ist diese Entwicklung in multinationalen Firmen aus den skandinavischen Ländern, oder etwa aus Belgien und der Schweiz zu beurteilen. Für diese gibt es parallel zwei Anreize: sie wollen zum einen auf Auslandstalente und Forschungspools in den anderen europäischen Standorten zurückgreifen und gleichermaßen auch in den Vereinigten Staaten präsent sein. Entsprechend zeigt sich in Firmen aus den genannten Ländern auch eine größere Ausgewogenheit bei der internationalen Verteilung von F&E-Standorten. Insgesamt aber, so auch unsere spätere Darstellung, geht eine zunehmende Erhöhung des F&E-Auslandsanteils doch mit einer gleichzeitigen Schwerpunktsetzung auf oft nur zwei, in seltenen Fällen auf eine größere Zahl von F&E-Zentren einher. Neben diesen quantitativen Veränderungen sind vor allem die qualitativen Veränderungen und Trends entscheidend. Hier gilt es, die empirischen Befunde nüchtern zu interpretieren und vermeintliche Ent-

---

[6] Hierzu ist anzumerken, dass die Angaben auf einer Untersuchung von *Patel (1995)* basieren. Neuere Untersuchungen weisen entsprechend höhere Werte auf. Die Zahlenangaben von *Patel* basieren ferner auf Patentstatistiken, die zumindest für einzelne Länder den Auslandsanteil von F&E nur verzerrt wiedergeben.

wicklungen und wirklich belegte Tatsachen fein säuberlich zu trennen. Folgende Trendaussagen finden sich zwar in der Literatur, sie lassen sich aber nicht unbedingt durch aktuelle empirische Befunde belegen: (1) die zunehmende Globalisierung und Transnationalität von F&E; (2) die These der zunehmenden Generierung von wichtigen Innovationen im Ausland; (3) die transnationale Verteilung von Kompetenzzentren; (4) die Verlagerungen von Kernkompetenzen ins Ausland; (5) die Zunahme globaler Produktentwicklungsprozesse sowie (6) die Bildung sog. transnationaler bzw. virtueller Teams.

Wie unsere Untersuchungen zeigen, findet von jedem etwas statt, zumeist aber nur auf experimenteller Ebene. Es geht aber nicht unbedingt in die Breite und Unternehmen berichten uns auch über außerordentliche Probleme, ihre vielfältig gestreuten Entwicklungsaktivitäten zu managen. In der neueren, empirisch abgestützten Literatur ist auch eine heftige Debatte im Gange. Gehen Unternehmen jetzt wirklich dazu über, multipolare Strukturen aufzubauen? Betreiben sie wirklich strategische Innovationsprojekte im Ausland? Sind sie wirklich bereit, ihre Kernkompetenz ins Ausland zu verlagern? Oder ziehen sie es vor, ihre strategisch besonders wichtigen Projekte und ihre Kernkompetenzen doch eher im Stammland zu konzentrieren? Gibt es effektive globale Produktentwicklungsprojekte und transnationale bzw. virtuelle Teams? Gewiss ja, aber trotzdem werden diese offenen, multilateralen Strukturen immer mehr unter Vorbehalt gesehen.

3 Verlagerung des Innovationsschwerpunktes und treibende Kräfte für die internationale Standortwahl

Unsere Analysen zu F&E-Strategien in international tätigen Unternehmen zeigen, dass der Zeitfaktor eine immer größere Rolle spielt. In vielen Branchen verzeichnen wir eine starke Beschleunigung des Produktentwicklungsprozesses. Dies führt tendenziell dazu, dass Entscheidungen dorthin verlagert werden, wo das Wissen über die bestmögliche Anwendung von F&E liegt und nicht primär dorthin, wo sich F&E am besten und kostengünstigsten durchführen lässt.

Wir beobachten entsprechend eine Schwerpunktverlagerung von „Upstream-Innovation" hin zu „Downstream-Innovation". Nicht allein der wissenschaftliche Ursprung, die Quelle zählt, sondern immer stärker wird die Nutzbarkeit und die Umsetzbarkeit des Wissens in den Vordergrund gerückt. Immer bedeutsamer wird das Wissen über die wirtschaftliche Durchsetzbarkeit von Produkten und Dienstleistungen auf Märkten, die enge Zusammenarbeit mit Kunden und die Interaktion mit anderen Firmen, die diesen Kunden wiederum nahe stehen. Diese anwenderseitigen Impulse üben einen starken Sogeffekt auf die Lokation von F&E aus. F&E rückt an den Ort der weitestentwickelten Nutzung, sozusagen in die Nähe des „Point-of-sale". Diese Schwerpunktverlagerung der Wertschöpfung im Innovationsprozess tangiert auch unser Verständnis der Wirkungsweise und der Standortattraktivität nationaler Innovationssysteme. Führende Innovationsforscher haben die Bedeutung nationaler Innovationssysteme herausgestellt, dabei aber allzu sehr die forschungs- und angebotsseitigen Bestandteile betont *(zu dem Konzept der Nationalen Innovationssysteme siehe insbesondere die Arbeiten von Lundvall 1992 und Nelson 1993).*

Diese sind in Abb. 1 auf der linken Seite dargestellt. Folgende **angebotsseitige Faktoren** sind entscheidend für den Entwicklungsstand eines nationalen Innovationssystems: Zu welchen F&E-Ressourcen haben multinationale Unternehmen in dem betreffenden Land Zugang? Wie sind dort die F&E-Rahmenbedingungen gestaltet? In welcher Weise unterstützt die nationale Forschungspolitik die F&E-Tätigkeit privater Firmen? Welchen Entwicklungsstand weisen Universitäten und nationale Forschungszentren auf? Welche Qualifikationen werden durch das nationale Ausbildungssystem unterstützt? In welcher Weise begünstigt der nationale Kapitalmarkt die Innovationstätigkeit, beispielsweise durch die Bereitstellung von Venture Capital? Welche sonstigen angebotsseitigen Faktoren (Zulieferer, Kooperationspartner) wirken auf das F&E-System ein?

Ergänzend zu diesen angebotsseitigen Faktoren werden von multinationalen Unternehmen immer stärker auch die **bedarfsseitigen Faktoren** hervorgehoben. Wo werden Bedarfe nach neuen Lösungen frühzeitig artikuliert? Wo kann von führenden Anwendern gelernt werden? Wo kann man Optionen für neue Geschäfte früher erschließen, indem man rechtzeitig in einem bestimmten Marktumfeld aktiv wird? Dabei stehen diejenigen Faktoren im Vordergrund, die auf der rechten Seite in Abb. 1 hervorgehoben werden.

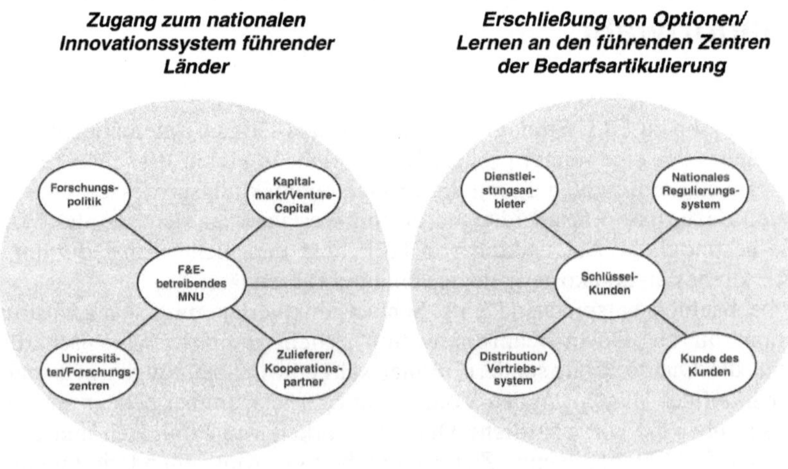

Abb. 1: Nationales Innovationssystem und nationales System der Bedarfsartikulierung

3.1 Effektive Anwendung von Wissen ist wichtiger als die Durchführung von F&E

Der Kern der Wertschöpfung im Innovationsprozess verlagert sich in die „stromabwärts“, d.h. kundenseitig angesiedelten Wertschöpfungsstufen. Immer mehr Unternehmen betonen die Erfordernis, frühzeitig Optionen an den treibenden Märkten zu erkunden. Entscheidend ist es, rechtzeitig im Marktumfeld „mitzuspielen“ und dort die treibenden Kräfte zu verstehen. Allein auf führende F&E zu bauen und die neu entwickelten Konzepte und Produkte „in den Markt reinzudrücken“, kann sehr aufwendig und riskant sein. Innovationsforscher sprechen immer stärker von „Front-loading Innovation“: Designanforderungen und Informationen aus dem treibenden Markt werden möglichst frühzeitig und unverzerrt in den F&E-Prozess eingespeist, um anschließend zeit- und kostenaufwendige Anpassungsarbeiten zu vermeiden *(zum Konzept des „Front-loading Innovation“ siehe Iansiti 1998 und Debakkere 1999 sowie den Beitrag von Fujimoto in diesem Buch und die dort zitierte Literatur).*

Gemäß der Darstellung in Abb. 1 kommt es bei der Beherrschung von Innovationsprozessen immer stärker auf folgende Faktoren an: Wie sieht das Zusammenspiel mit den wichtigsten Kunden aus, die die höchstentwickelten Ansprüche haben? Welches sind für bestimmte Innovationsvorhaben die Schlüsselkunden und wie findet man zu diesen Zugang? Welche Anforderungen stellen die „Kunden der Kunden“ und wie kann man deren Anliegen möglichst unverzerrt kennenlernen und verstehen? Welche Rolle spielt für die Durchsetzung einer Innovation das Distributionssystem, die Handelsstruktur und das jeweilige Geflecht von Dienstleistungsanbietern? Wie beeinflusst schließlich das nationale System der Regulierung die Entstehung von Märkten und die Durchsetzbarkeit bestimmter neuer Produkte und Serviceleistungen?

Die genannten Einflussfaktoren auf der Marktseite konstituieren einen wesentlichen Teil der Wertschöpfung im Innovationsprozess. Ein immer größerer Anteil der Kosten und des Zeitaufwands für die Durchsetzung von Innovationen entfällt auf diese markt- und distributionsseitigen Wertschöpfungsstufen. Die Gesamtkosten der Innovation, die gerade auf diesen Stufen stark in die Höhe getrieben werden, machen ein Vielfaches dessen aus, was unmittelbar im F&E-Bereich anfällt. Man muss die wichtigsten Kostentreiber verstehen und rechtzeitig unter Kontrolle bringen und dafür ist es oft unverzichtbar, im unmittelbaren Markt- und Nutzungsumfeld zu agieren. Diese Faktoren kann man nicht durch Ferndiagnose und auch nicht „virtuell“ erfassen. Unternehmen müssen sie unmittelbar vor Ort „erfahren“ und auf diese Weise kommt die hohe Bedeutung der lokalen Nähe und des Standorteffekts wieder ins Spiel.

Die Standortattraktivität einzelner Länder und Regionen ist damit in zunehmender Weise von den Interaktionsbeziehungen zwischen anspruchsvollen Kunden, Serviceanbietern, Distribution und Handel sowie von nationalen Regulierungsbedingungen abhängig und diese Effekte werden in der international vergleichenden F&E-Literatur leider immer noch etwas untergewichtet. Es kommt für hochentwickelte Länder vor allem darauf an, dieses System zu gestalten, das wir im Folgenden als das „Bedarfsemergenzsystem" bzw. als das nationale System der Bedarfsartikulierung bezeichnen. Standorte profilieren sich entsprechend immer stärker als Lokationen für die bestmögliche Umsetzung von Innovationen und erst in zweiter Hinsicht als Standorte für die bestmögliche Durchführung von F&E.

Die empirischen Untersuchungen im Rahmen unserer INTERIS-Studie belegen diese Zusammenhänge. Die führenden multinationalen Unternehmen betonen im Hinblick auf die entscheidenden Kriterien ihrer Standortwahl: „Wir konzentrieren unsere Aktivitäten vorzugsweise auf Länder und Regionen, in denen wir Wissen im Markt gewinnen können und wo wir in der engen Zusammenarbeit mit Kunden, mit anderen Firmen und mit Kooperationspartnern mehr darüber erfahren, wie wir einer Innovation erfolgreich zum Durchbruch verhelfen können". Ein solches dynamisches Umfeld übt einen starken Sogeffekt auf die Ansiedlung von F&E, aber auch von nachgelagerten Aktivitäten aus. Immer stärker wird der Schwerpunkt der Wertschöpfung dorthin verlagert, wo sich das Interface mit dem Kunden und die möglichst wirksame Zusammenarbeit mit anderen Firmen im Innovationsprozess besonders gut organisieren lässt.

3.2 Kriterien für internationale Standortentscheidungen im Innovationsprozess

Im Rahmen der Untersuchungen zur INTERIS-Studie haben sich folgende Fragen als besonders kritisch für die internationale Standortverteilung von F&E-Zentren und Innovationsaktivitäten herausgestellt:

- Was prägt die Art und das Ausmaß der Dynamik im Innovationsprozess einzelner Industrien?
- Wo liegt der Kern der Wertschöpfung im Innovationsprozess?
- Wie hoch ist die relative Kompetenz des Stammlands bzw. von Auslandsstandorten?

Im Hinblick auf die **Innovationsdynamik** muss unterschieden werden zwischen sog. Fast-cycle-Geschäften auf der einen und Slow-cycle-Geschäften auf der anderen Seite. Im ersten Fall haben wir es mit Produkten und Dienstleistungen zu tun, die sehr rasch verändert werden und bei denen der Wettbewerb über die Geschwindigkeit des Innovationsprozesses ausgetragen wird. Es sind insbesondere Fast-cycle-Geschäfte, für die bestimmte Lokationen eine herausragende Rolle spielen und hier ist es für Firmen besonders wichtig, wenige Spitzenstandorte weltweit rasch zu vernetzen. Dies ist nicht so sehr das Problem für Slow-cycle-Geschäfte (traditionelle Schwerindustrie, Teilbereiche des Maschinen- und Anlagenbaus etc.). Langlebige Produktzyklen und eine eher gemächliche Abfolge von Innovationen sorgen hier dafür, dass die internationale Standort- und Wissensverteilung nicht so kritisch ist und dass oft noch traditionelle Exportstrategien überwiegen.

Wie die Analysen der technologischen Leistungsfähigkeit in Deutschland noch immer zeigen, tendieren wir hierzulande dazu, auf den weniger dynamischen

Feldern stark zu sein und hier nach wie vor beträchtliche Exporterfolge zu realisieren. Bei vielen Fast-cycle-Geschäften haben wir dagegen oftmals das Feld Wettbewerbern aus den USA und Asien überlassen. Hier sind deutsche Anbieter oft nicht flexibel und wendig genug, obwohl es durchaus auch Spezialfelder im High-Tech-Bereich gibt, in denen deutsche Anbieter sehr erfolgreich geworden sind.

Gerade für die durch dynamische Innovationsregime geprägten Geschäfte muss man in einem zweiten Schritt fragen: Wo liegt eigentlich der **Kern der Wertschöpfung** und der spezifische Ansatz für die Herausbildung komparativer Vorteile? Hierbei ist zwischen den in Abb. 2 dargestellten Konstellationen zu unterscheiden. Im einen Fall (auf der linken Seite) haben sie es mit wissenschafts- und F&E-getriebenen Innovationen zu tun. Die höchste Wertschöpfung wird dadurch realisiert, dass Firmen Zugang zu exklusiven Forschungspools haben und ihre technologischen Vorteile entsprechend absichern können. Typisch hierfür sind weite Bereiche der Biotechnologie und Gentechnik. Die pharmazeutische Industrie, die immer stärker die Biotechnologie erschließt, ist in diesem Sinn nachhaltig F&E-getrieben.

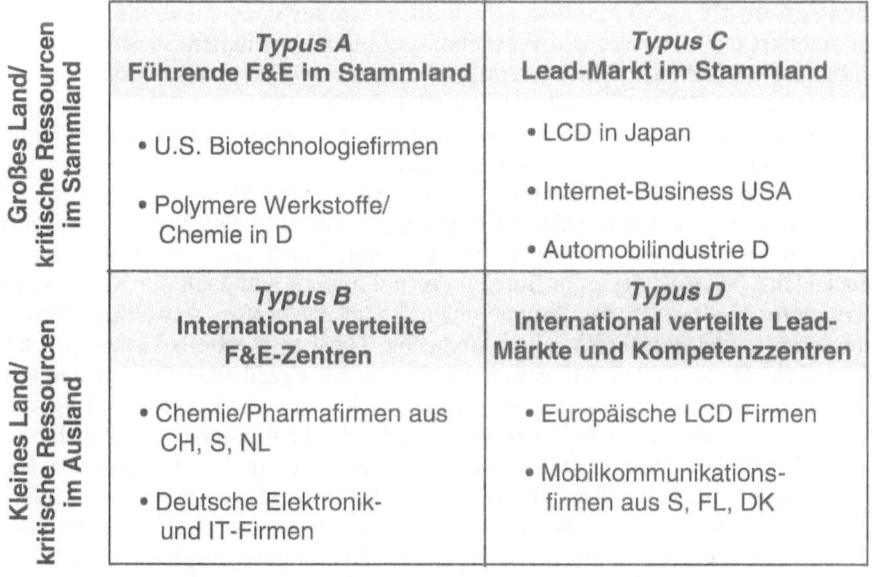

Abb. 2: Generische Typen der Innovation und der internationalen Kompetenzverteilung

3.3 Forschungsbasierte Innovationsstrategien

Haben wir es mit wissenschafts- und F&E-getriebener Innovation zu tun, so stellt sich die Frage nach der Lokation mit der höchsten Forschungskompetenz. Ist ein Unternehmen in einem Stammland präsent, das auf dem betreffenden Gebiet über das höchstentwickelte Forschungssystem der Welt verfügt? Oder kommt das betreffende Unternehmen eher aus einem Land, das auf den relevanten F&E-Feldern nicht ganz so stark entwickelt ist? Im ersten Fall haben wir es mit einer ausgesprochen vorteilhaften Situation A zu tun. Im zweiten Fall (Situation B) sind Unternehmen hingegen abhängig von Forschungskompetenzen im Ausland und müssen oftmals an mehreren Standorten gleichzeitig F&E betreiben, um die erforderlichen Ressourcen abzusichern.[7]

Eine Innovationsstrategie des Typs A (führende F&E im Stammland) wird von allen großen Pharmaunternehmen aus den Vereinigten Staaten verfolgt. Diese haben fast alle maßgeblichen Forschungszentren an ausgewählten Standorten in den Vereinigten Staaten konzentriert. Sie haben kaum einen Anreiz, an ausländische Standorte zu gehen, zumindest was die Pharma- und die Gentechnikforschung anbetrifft. Im Stammland ist ein derart starkes nationales Innovationssystem etabliert und der nationale Forschungspool der Vereinigten Staaten zieht beständig ausländische Unternehmen an *(siehe hierzu insbesondere die Analysen von Serapio/Dalton 1999; Wesentlicher Impulsgeber für das Forschungssystem der USA auf diesem Gebiet ist das National Institute of Health (NIH) mit einem jährlichen Forschungsetat von ca. 14 Mrd. Dollar).*

Die Bundesrepublik Deutschland verfügt auf ausgewählten Gebieten über ein ausgesprochen starkes nationales F&E-System, weist aber gleichzeitig auf wichtigen High-Tech-Feldern erhebliche Defizite auf. Nach wie vor sehr stark ist Deutschland beispielsweise im Bereich der polymeren und auch der metallischen Werkstoffe. Im Bereich der Polymerchemie sind die großen deutschen Chemieunternehmen und auch viele mittelständische Kunststoffhersteller ausgesprochen erfolgreich. Diese finden auf nationaler Ebene ein exzellentes System der Forschung und Ausbildung vor. Große chemische Firmen aus Deutschland betonen entsprechend: „Wir verlagern wichtige Bereiche der Pharmaforschung zunehmend in die Vereinigten Staaten und konzentrieren dort oft unsere strategischen Entwicklungsanstrengungen" (entspricht einer Strategie vom Typ B in Abb. 2). Dieselben Unternehmen heben aber auch hervor, dass es für sie im Bereich der polymeren Werkstoffe keinen vergleichbar starken Anreiz gebe, mit F&E ins Ausland zu gehen *(vgl. dazu die Untersuchungen zur Studie „International Innovation Strategy in Advanced Materials" in Gerybadze/Stephan 1998).*

Für wichtige F&E-Gebiete im Bereich der Werkstoffforschung verfolgen deutsche Unternehmen somit eindeutig eine Strategie vom Typ A. In anderen Bereichen der Hochtechnologie wie in der Elektronik und Informationstechnik ebenso

[7] *Kümmerle (1997)* geht in seinen Analysen der internationalen Standortverteilung von F&E-Labors in der pharmazeutischen Industrie und in der Elektronik auf die wichtigsten Gründe für den Aufbau multizentrischer internationaler F&E-Strukturen ein.

wie in der Biotechnologie sind deutsche Unternehmen hingegen von ausländischen F&E-Zentren abhängig und reagieren hier entsprechend durch eine Strategie der Ansiedlung von F&E-Labors und Kompetenzzentren im Ausland, vorzugsweise in den Vereinigten Staaten. Dies entspricht einer Strategie des Typs B in Abb. 2.

3.4 Lead-Markt-induzierte Innovationsstrategien

Auf der rechten Seite in Abb. 2 finden sich Konstellationen, in denen Interaktionen im Markt und die Zusammenarbeit mit Anwendern die besonders kritische Ressource im Innovationsprozess darstellt. Für eine zunehmende Zahl von Geschäften wird die Taktfrequenz primär im Bedarfssystem bestimmt. Firmen müssen prüfen, wo auf den besonders dynamischen Märkten „eigentlich die Musik spielt". Genau dort müssen sie aktiv sein und die unmittelbare Präsenz im treibenden Lead-Markt ist der kritische Punkt im Innovationswettbewerb. Der weltweit führende Markt für Internetanwendungen und für den elektronischen Handel sind nach wie vor die Vereinigten Staaten. Interessanterweise gibt es aber auf diesem noch offenen Feld durchaus Nischen, wo auch in Deutschland gezielt Lead-Markt-Strategien verfolgt werden können.[8] Entsprechende fokussierte Lead-Markt-Strategien haben auch Unternehmen aus kleineren Ländern wie Schweden oder Finnland verfolgt, beispielsweise im Bereich des Mobilfunks und für Spezialanwendungen des Internet.

Viele Geschäfte sind anfänglich forschungsbasiert und dann in späteren Phasen primär durch die Dynamik von Lead-Märkten geprägt. Viele Firmen schaffen es dann nicht, rechtzeitig „die Zeichen der Zeit" zu erkennen. Die führenden Entwicklungen im Bereich der Flüssigkristalle sind anfänglich in Europa gelaufen, als der Zugang zur führenden F&E noch der entscheidende Engpass war. Der Innovationsprozess im LCD-Markt hat sich später zu einem markt- und anwendungsinduzierten Geschäft gewandelt. Die wesentlichen Impulse kamen hier seit Mitte der 80er Jahre aus Japan, wo 90 % des Marktes konzentriert war. Hier spielte in der Folge auch „die Musik". Die anfänglich technologisch führenden europäischen Hersteller haben es in den späteren Jahren nicht mehr geschafft, ihre Ressourcen an die treibende Lokation zu verlegen und insbesondere auch ihre Managementkompetenz für die Dynamik des asiatischen Marktes zu entwickeln. Unter Berücksichtigung der Darstellung in Abb. 2 ergab sich für sie zunehmend eine Situation, die Strategie D nahegelegt hätte; sie versuchten aber, weiterhin mit einer Strategie vom Typ A darauf zu reagieren. Die ursprünglichen Innovatoren, Firmen aus der Schweiz, Deutschland und den Niederlanden, haben es gerade deshalb nicht geschafft, erfolgreich in diesem dynamischen Markt mitzuhalten.[9]

[8] Solche Nischen haben sich beispielsweise im Internet Banking und im Bereich der Datensicherheit ergeben, in denen deutsche Firmen z.T. führend sind.

[9] Zu einer ausführlicheren Darstellung der Entwicklung im internationalen LCD-Markt siehe die Fallstudie in *Gerybadze et al. (1997)*.

Die beschriebene Systematik bietet eine nützliche Hilfestellung für die Wahl geeigneter Innovations- und Standortstrategien. In Abhängigkeit von der besonders kritischen Ressource im Innovationsprozess und von der Art der internationalen Kompetenzverteilung muss die geeignete Strategie festgelegt werden. Wann bietet sich die Durchführung von F&E im Ausland an und wann nicht? Welches ist die geeignete Strategie für das Management mehrerer international verteilter Kompetenzzentren? Sind die Voraussetzungen für eine Strategie vom Typ A erfüllt, konzentrieren Unternehmen sinnvollerweise ihre Forschungsaktivitäten im Stammland. Ist eher die Situation vom Typ B gegeben, so bauen Firmen alternativ dazu einen multizentrischen Verbund von F&E-Labors auf. Die wichtigste Herausforderung ist für sie dann, diese räumlich verteilten Zentren durch eine kohärente F&E-Strategie zusammenzuführen.

Spielt die Musik eher im Markt und sind mehrere Auslandsmärkte für bestimmte Segmente jeweils führend, so wählen Unternehmen konsequenterweise eine Innovationsstrategie vom Typ D. Es ist in diesem Fall besonders wichtig, dass eine wirksame Vernetzung zwischen mehreren Lead-Märkten im Ausland gelingt. Unternehmen sind in einem solchen Fall gut beraten, Produktverantwortung an die Standorte in den führenden Lokationen zu delegieren. Zugleich müssen sie sicherstellen, dass ein effektiver internationaler Kompetenztransfer vollzogen wird und dass die höchstentwickelten Auslandszentren wirksam miteinander zusammenarbeiten.

4 Veränderungen von Unternehmensstrategien und Auswirkungen auf die nationale Innovationspolitik

Es soll zum Abschluss noch ein wenig „Wasser in den Wein der Globalisierungsdebatte gegossen" werden. Globalisierung ist zwar ein verbreitetes Phänomen und erschließt immer weitere Bereiche der Wirtschaft. Für das Themenfeld Forschung und Entwicklung ergibt sich aber ein ausgesprochen differenziertes Bild. In einzelnen Bereichen verzeichnen wir eine zunehmende internationale Auslagerung und multizentrische Entwicklungen. Zugleich beobachten wir in vielen Unternehmen wieder eine Tendenz, die „Zügel enger zu ziehen" und Kompetenzen doch in wichtigen Bereichen zu rezentralisieren. Dies führt z.T. auch zu einer Renaissance von Regionen und Cluster-Bildungen. Daraus wiederum ergeben sich ganz entscheidende Implikationen für die Gestaltung der nationalen Forschungs- und Innovationspolitik.

4.1 Strategie der Technologieführerschaft vs. Strategie der Bedarfsführerschaft

Unternehmen konzentrieren sich immer stärker auf ihre eigentlichen Stärken und sie tun dies auch bei ihrem Innovationsverhalten. Sie können zum einen auf starke eigene F&E setzen und von innen heraus technologische Stärken aufbauen. Diese **Strategie der Technologieführerschaft** folgt weitgehend der klassischen Pipeline-Konzeption: starke eigene Forschungslabors, Übertragung in die angewandte Entwicklung, Durchsetzung immer neuer Generationen neuer Produkte im Markt und Aufbau einer starken Wettbewerbsposition auf Basis intern generierter technologischer Kompetenzen.[10]

Für Firmen, die nach wie vor die Strategie der Technologieführerschaft verfolgen, spielt die Suche nach dem höchstentwickelten nationalen Innovationssystem die größte Rolle. Wo gibt es die bestentwickelte F&E-Infrastruktur weltweit? Wo werden die besten Forscher und die Fachleute auf einem bestimmten Gebiet (z.B. Internet-Softwarespezialisten) ausgebildet? Wo sind die besten Voraussetzungen für das wirksame Management von F&E-Zentren erfüllt und wie kann die funktionierende Zusammenarbeit zwischen F&E-Labors an verschiedenen Standorten sichergestellt werden?

Unternehmen können aber auch auf die **Strategie der Bedarfsführerschaft** setzen. Sie werden dort aktiv, wo sie das höchstentwickelte Marktumfeld für ihre Innovationen finden und sie setzen mit anderen Firmen gemeinsam neue Lösungen durch. Eigene F&E und eine originäre starke Technologieposition können dabei eine wichtige Rolle spielen, sind aber nicht eine zwingende Voraussetzung. Für Unternehmen, die eine solche bedarfsgeleitete Innovationsstrategie verfolgen, spielt die Standortverteilung von F&E-Labors und der Zugriff auf technische Spezialisten nicht mehr die alles entscheidende Rolle. Viel wichtiger ist die Präsenz im innovationstreibenden Markt, die enge Zusammenarbeit mit Kunden, sowie die Schaffung eines effektiven Verbunds entlang der Wertschöpfungskette.

4.2 Transnationale Innovation oder Rezentralisierung von Kompetenz?

In Kapitel 2 wurde beschrieben, dass die großen multinationalen Unternehmen im Verlauf der 80er und 90er Jahre den Internationalisierungsgrad ihrer F&E kontinuierlich ausgeweitet haben. Zum Teil sind sie dabei aber auch über das Ziel hinausgeschossen und verzeichnen beträchtliche Probleme der länderübergreifenden Koordinierung.

[10] Diese Strategie der Technologieführerschaft folgt dem klassischen linearen Modell des Innovationsprozesses. Zu einer Auseinandersetzung mit diesem Modell siehe *Gerybadze (2000, Kapitel 1)* und *OECD (1997)*.

Wir beobachten deshalb gerade in den letzten fünf Jahren eher wieder eine Rezentralisierung von F&E. Bestimmte F&E-Aktivitäten und strategisch wichtige Projekte werden immer stärker in ganz bestimmten Schwerpunktzentren zusammengefasst.

Es muss auch kritisch hinterfragt werden, ob die weiterhin sehr hierarchisch geprägten Unternehmen wirklich „auslandsoffen" denken und ob sie, wie manche Autoren behaupten, immer mehr Innovation im Ausland generieren?[11] Dies ist in Situationen vom beschriebenen Typ B bzw. D durchaus der Fall: Unternehmen verfügen dann oftmals über mehrere gleich starke Zentren im Ausland und sind gezwungen, an diesen Zentren absorptive Fähigkeiten aufrechtzuhalten. In allen anderen Fällen und auch dann, wenn eine multizentrische Strategie nicht gelingt, betonen Unternehmen immer öfter: wir gehen ins Ausland, wenn wir das müssen, aber wir konzentrieren unsere vielversprechenden Innovationsvorhaben und Projekte dennoch an ganz wenigen Zentren. Das ist von der Führung her viel leichter zu steuern und verursacht einen deutlich geringeren Koordinierungsaufwand. In Lead-Markt-induzierten Innovationsfeldern werden möglichst frühzeitig die treibenden Länderstandorte ausgewählt und auf diese die explorativen Fähigkeiten gebündelt. Im Fall von forschungsbasierten Innovationen werden nicht unbedingt gleichrangige F&E-Labors in mehreren Ländern betrieben. Immer deutlicher beobachten wir eine Schwerpunktsetzung auf wenige dedizierte F&E-Zentren mit klarem Auftrag, denen jeweils auch die erforderliche Managementverantwortung zugewiesen ist.

Bezüglich der Frage, welche Kompetenz im Stammland und welche Kompetenz im Ausland entwickelt und gepflegt wird, zeigt sich immer stärker folgende Rangordnung: strategisch bedeutsame Fähigkeiten vorzugsweise im Stammland; supplementäre Kompetenzen und solche, die im Stammland nicht vorhanden sind, dann auch mit entsprechender Unterstützung im Ausland. Immer noch vergleichsweise selten beobachten wir dagegen einen systematischen Ausbau von Kernkompetenzen im Ausland. In diesem Zusammenhang ist deutlich zwischen einem „Center-of-innovation" und einem „Center-of-control" zu unterscheiden. Multinationale Unternehmen verlagern zwar ersteres ins Ausland, sofern dies erforderlich ist. Nur sehr ungern sind sie hingegen bereit, ein starkes „Center-of-control" im Ausland aufzubauen *(vgl. dazu die detaillierten Ausführungen in Gerybadze 1999).*

[11] Dies war eine verbreitete Auffassung unter den Autoren, die zu Beginn der 90er Jahre vom Übergang zum transnationalen Unternehmen gesprochen haben (vgl. *Bartlett u. Ghoshal (1989); Hedlund (1993)* sowie *Hedlund u. Nonaka (1993)*). Neuerdings sieht man die Durchsetzungschancen der transnationalen Unternehmensform doch wieder etwas nüchterner. Siehe dazu die Ausführungen in *Gerybadze (1999).*

4.3 Globale Entwicklungsteams oder Rückbesinnung auf Face-to-face-Kommunikation?

Schließlich wollen wir die These der zunehmend globalen Produktentwicklung und der Bildung transnationaler bzw. „virtueller" Teams in Frage stellen. Diese These wurde eine Zeitlang von Managementforschern und Wirtschaftsinformatikern vertreten. Im Rahmen der INTERIS-Studie, aber auch in mehreren Dissertationen in Hohenheim und St. Gallen wurde diese Fragestellung überprüft. Es hat sich immer wieder gezeigt, dass es außerordentlich schwierig war, eine überzeugende Anzahl von Projekten ausfindig zu machen, bei denen effektiv eine dauerhafte länderübergreifende Produktentwicklung realisiert wird. Es gibt ausgewählte Bereiche in der Computerindustrie und in der Softwareentwicklung, in denen dies funktioniert. Aber viele Firmen, so z.B. in der Automobil- und -zulieferindustrie und in der Elektronik berichten doch über erhebliche Schwierigkeiten einer transnationalen Projektorganisation.

Man neigt dazu, die Frage der Informationsübertragung überzubetonen und unterschätzt die viel wichtigere Frage des gemeinsamen Verstehens und der Herausbildung einer einheitlichen Auffassung über Qualität und Termine in Projektteams. Über das Netz können sie zwar die Informationen schicken, aber das Entscheidende, die verstehende und sinngebende Komponente im Wissensmanagement, wird durch neue IT-Lösungen nicht unbedingt erleichtert. Es ist von außerordentlicher Bedeutung, effektive Teams zusammenzubringen, deren Mitglieder untereinander Vertrauen haben.

Gerade dann, wenn es darauf ankommt, eine hohe Qualität sicherzustellen, wenn Übergabepunkte definiert und eingehalten werden müssen, und wenn die Frage der Verantwortung zu klären ist, braucht es eine enge Face-to-face-Kommunikation. Die gängigen Verfahren der sequenziellen Arbeitsorganisation und die dafür entwickelten IT-Lösungen sind auf das Zeitalter der Globalisierung im F&E-Bereich immer noch nicht so recht vorbereitet. Sie können nicht einfach bestimmte Entwicklungsaufgaben verteilen, an verschiedenen Standorten durchführen und „rund-um-die-Uhr-um-den-Globus" weiterreichen. Gerade dann, wenn es sich um qualitativ anspruchsvolle Arbeiten mit sehr genauen, aber nicht ex-ante spezifizierbaren Anforderungen handelt, brauchen sie die räumlich konzentrierte Zusammenarbeit. Insbesondere dann, wenn es sich um besonders schnelle Entwicklungen handelt, die noch dazu ausgesprochen konfliktträchtig sind, brauchen sie die vertrauensvolle Zusammenarbeit und die enge, interaktive Abstimmung vor Ort. Gerade dies führt zu der beschriebenen Bedeutung räumlicher Nähe und oftmals zu einer Renaissance von Regionen und von Kompetenz-Clustern.

4.4 Nationale Innovationsstrategien und Implikationen für die Forschungs- und Innovationspolitik

Genauso wie einzelne Unternehmen sich auf Innovationsstrategien festlegen, können auch Länder und Regionen ganz bestimmte Schwerpunkte für ihre Entwicklung und für den Ausbau ihrer Standortvorteile setzen. Die hochentwickelten Industriestaaten haben in den letzten Jahren primär auf den Ausbau der Forschungs- und Ausbildungsinfrastruktur gesetzt. Sie haben lange Zeit eine Politik verfolgt, durch die Entwicklung des nationalen Innovationssystems auf bestimmten Gebieten die Position technischer Führerschaft zu erlangen. Aber auf vielen Gebieten konkurrieren mehrere hochentwickelte Länder oft parallel um entsprechende technologische Führungspositionen und es ist gerade auf den interessantesten Gebieten zu Doppelspurigkeiten, aber auch zu starken Konzentrationseffekten gekommen.

Der Wettbewerb zwischen mehreren nationalen Innovationssystemen führt oft dazu, dass sich ein oder zwei Lead-Standorte herauskristallisieren, wo sich dann auch mehrere multinationale Unternehmen mit ihren Entwicklungsaktivitäten scharen. Für denjenigen Standort, der die Strategie der Technologieführerschaft erfolgreich durchsetzt, können sich vorteilhafte Produktions- und Beschäftigungseffekte ergeben. Auf längere Sicht muss jedoch befürchtet werden, dass technologisches Wissen auch weiterhin international diffundiert. Der Ausbau forschungsbasierter nationaler Innovationssysteme ist somit eine riskante Strategie. Sie ist insbesondere dann problematisch, wenn es auf die enge Kopplung zwischen den F&E-Ressourcen, Produktionssystemen und den beschriebenen Interaktionsmustern bei der Durchsetzung von Innovationen im Markt ankommt.

Einzelne der hochentwickelten Industriestaaten, und hier insbesondere die kleinen Länder mit hohem Pro-Kopf-Einkommen, haben demgegenüber eine interessante Spezialisierungsstrategie verfolgt, die stärker auf die **Bedarfsführerschaft** für bestimmte Märkte setzt. Hervorgetreten sind in dieser Weise die skandinavischen Länder auf bestimmten Gebieten der Telekommunikation und der elektronischen Märkte. Entsprechend hat man auch in der Schweiz eher auf die Strategie der Informationstechnik-Anwendung für die Bereiche Finanzdienstleistungen und Versicherungen gesetzt. In diesen Ländern wurde, ob intendiert oder nicht, Bedarfsführerschaft realisiert, ohne zugleich im Bereich der F&E und der Produktion über ein hochentwickeltes nationales Innovationssystem zu verfügen. Eine solche Vorgehensweise des strategischen Insourcing und der vorzugsweisen Entfaltung dynamischer Endanwendermärkte kann ausgesprochen ergiebig sein. Sie setzt voraus, dass keine zu engen Komplementaritäten zwischen „Upstream“ und „Downstream“ bestehen, und dass kritische Abhängigkeiten von Zulieferbereichen und Technologien umgangen werden können.

In Abb. 3 werden vier Innovationsstrategien gegenübergestellt, die zu ganz unterschiedlichen Prioritätensetzungen und zu unterschiedlichen Maßnahmen der Innovationspolitik führen. Die Forschungs- und Technologiepolitik der meisten Länder ist heute noch immer viel zu sehr am Primat des Innovationssystems ausgerichtet. Man geht von der Prämisse wissenschafts- und F&E-getriebener Innovation aus und ist bestrebt, das technologische Potenzial im Inland zu entfalten (linkes oberes Feld in Abb. 3). Dies führt zu der Position: Wir schaffen die Infrastrukturen dafür, dass auf hohem Niveau geforscht wird und dass „viel in die Pipeline gefüllt" wird; was sich aber auf nachgelagerten Stufen daraus entwickelt, wird weitgehend dem Markt überlassen. Der spontane Marktprozess kann u. U. die geeigneten Strukturen herbeiführen, aber dies geschieht doch mehr oder weniger nach „trial and error" und ist von unkontrollierbaren Spill-over-Effekten begleitet.

Diese Art der Forschungs- und Innovationspolitik haben wir auch lange Zeit in Deutschland verfolgt: Infrastrukturen der Forschung aufbauen und universitäre Lehr- und Forschungskapazitäten stärken, industrielle F&E in nationalen Firmen unterstützen und günstige Standortbedingungen für die Ansiedlung multinationaler Unternehmen schaffen. Diese Vorgehensweise ist sinnvoll, solange Innovation wirklich wissenschafts- und F&E-getrieben ist und wenn berechtigte Chancen bestehen, dass auf den betreffenden Gebieten eine internationale Spitzenposition behauptet werden kann.

Abb. 3: Strategische Schwerpunkte für die Forschungs- und Innovationspolitik

Die beschriebene Form forschungsbasierter Innovationspolitik greift aber dann nicht mehr, wenn das Anwendersystem der eigentliche Taktgeber ist. Wie wir in Abschnitt 3 gezeigt haben, ist eine zunehmende Zahl an Industrien durch markt-

und anwenderinduzierte Innovationsprozesse geprägt (z.B. die Konsumelektronik, der Maschinenbau, die Automobil- und Zulieferindustrie etc.). Wenn der Schwerpunkt der Wertschöpfung im Innovationsprozess sich zunehmend in die der F&E nachgelagerten Wertschöpfungsstufen verlagert, dann werden ganz andere Akzentsetzungen, ganz andere Unterstützungs-, ganz andere Infrastrukturmaßnahmen im Bereich der Innovationspolitik erforderlich.

Wenn die wesentlichen Impulse von den vorwärtstreibenden Märkten kommen, so muss primär danach gefragt werden, ob die Voraussetzungen für die Herausbildung von Lead-Märkten im Inland erfüllt sind. Ist dies der Fall (Typ C rechts oben in Abb. 3), dann kommt es eher auf die weitere Verstärkung und Flexibilisierung der vorhandenen Lead-Märkte an. Hierbei können vertikale Innovationsverbünde und Leitprojekte unterstützend wirken.

Hat man es hingegen mit einer Situation zu tun, in der die wesentlichen Impulse von ausländischen Lead-Märkten ausgehen, dann wäre es nicht sinnvoll, im Inland „gegen den Strom anzuschwimmen" und nationale Nischenmärkte aufzubauen, die sich dann doch nicht im internationalen Wettbewerb behaupten können. In diesem Fall ist eher eine offensive Politik angesagt, die Unternehmen dazu ermuntert, frühzeitig in die führenden Auslandsmärkte zu gehen und dort mit aktiven Innovationsstrategien tätig zu werden.

Im Vordergrund steht dann auch nicht der Aufbau von Forschungskapazitäten im Inland, sondern eher die Verstärkung eines effektiven Kompetenztransfers zwischen Ausland und Inland; dabei stehen Investitionsmaßnahmen in Aus- und Weiterbildung sowie die Führungskräfteentwicklung eher im Vordergrund. Innovationspolitik muss auf vielen Feldern gleichzeitig aktiv werden, sie darf nicht nur auf einem Auge schauen, sondern muss eine Rundumsicht entfalten und klar die Prioritäten für diejenigen Maßnahmen herausarbeiten, die die größte Wirkungskraft entfalten. Die beschriebene Systematik für die Analyse standortverteilter Innovationsprozesse und für die Herausbildung geeigneter Strategien kann hierfür die entsprechende Unterstützung bieten.

5 Literatur

Bartlett, C. H.; Ghoshal, S. (1989), Managing Across Borders, The Multinational Solution, London 1989

Debackere, K. (1999), Technologies to Develop Technology, The Impact of New Technologies in the Organisation of Innovation Projects, Nijmegen Lectures on Innovation Management, Antwerpen – Apeldorrn 1999

Dunning, J. H. (1996), The Geographical Sources of the Competitiveness of Firms: Some Results of a New Survey, Transnational Corporations, 5. Jg., Nr. 3, Dezember 1996, S. 1–25

Gerybadze, A. (1999), Managing Technology Competence Centers in Europe, The Role of European R&D for Global Corporations, Nijmegen Lectures on Innovation Management, Antwerpen – Apeldorrn 1999

Gerybadze, A. (2000), Technologie- und Innovationsmanagement, Strategie, Organisation und Implementierung, Wiesbaden 2000

Gerybadze, A.; Meyer-Krahmer F.; Reger, G. (1997), Globales Management von Forschung und Innovation, Stuttgart, Band 1 der Schriftenreihe „Internationales Management und Innovation“, Stuttgart 1997

Gerybadze, A.; Reger, G. (1997), Globalisation of R&D: Recent Changes in the Management of Innovation in Transnational Corporations, Discussion Paper on International Management and Innovation Nr. 97–01, Universität Hohenheim, Stuttgart 1997

Gerybadze, A.; Stephan, M. (1998), International Changes in Industrial R&D: The Case of Advanced Materials, Report to the German American Academic Council, Stuttgart, Dezember 1998

Hedlund, G. (1993), Organization of Transnational Corporations, in: The United Nations' Library on Transnational Corporations, VIII. Jg., London 1993

Hedlund, G.; Nonaka, J. (1993), Models of Knowledge Management in the West and Japan, in: Lorange, P.; Chakravarthy, B.; Ros, J.; Van de Veen, A. (eds.), Implementing Strategic Processes: Change Learning and Cooperation, Cambridge, MA. 1993

Iansiti, M. (1997), Technology Integration, Making Critical Choices in a Dynamic World, Boston, MA. 1997

Kogut, B. (1991), Country Capabilities and the Permeability of Borders, Strategic Management Journal, 12. Jg., 1991, S. 33–47

Kümmerle, W. (1997), Building Effective R&D Capabilities Abroad, Harvard Business Review, März/April 1997, S. 61–70

Lundvall, B. A. (1992), National Systems of Innovations. Towards a Theory of Innovation and Interactive Learning, London, New York 1992

Nelson, R. R. (Ed. 1993), National Innovation Systems. A Comparative Analysis, Oxford, New York 1993

OECD (1997), Oslo Manual, Proposed Guidelines for Collecting and Interpreting Technological Innovation Data, Paris 1997

Patel, P. (1995), The Localised Production of Global Technolgy, Cambridge Journal of Economics, 19. Jg., 1995, S. 141–153

Roberts, E. B. (1999), Global Benchmarking of the Strategic Management of Technology, Preliminary Report, Presented at the MIT Symposium on the Strategic Management of Technology: Emerging Global Trends in Industrial Innovation, Massachusetts Institute of Technology, Cambridge, MA., Dezember 1999

Serapio, M. G.; Dalton, D.H. (1999), Globalization of Industrial R&D: An Examination of Foreign Direct Investments in R&D in the United States, Research Policy, 28. Jg., Nr. 2-3, März 1999, S. 303–316

Stopford, J. M. (1994), The Growing Interdependence between Transnational Corporations, Transnational Corporations, 3. Jg., Nr. 1, Februar 1994, S. 53–77

Capability-Building Competition for Lead Time Reduction – A Case of Front-Loading Problem Solving in the Auto Industry[1]

Prof. Dr. Takahiro Fujimoto
Faculty of Economics, University of Tokyo

1 Introduction

This paper presents both quantitative and clinical data from the comparative studies of automobile product development, which I have participated in during the 1980s, early 1990s, and mid 1990s mainly at Harvard University *(see for example Clark/Chew/Fujimoto 1987; Clark/Fujimoto 1991; Ellison et al. 1995)* to analyze the dynamic process of capability-building competition in this industry. It focuses on the Japanese advantages in the 1980s, the western „reverse catch-up“ in the 1990s (American in particular), as well as recent efforts by some Japanese auto-makers to further reduce lead times. Since systematic data collection on the last case has not started yet, I will present an analytical framework and some preliminary anecdotal evidence at this point.

The analysis of this paper generally indicates that the effective organizational routines (capabilities) that the author's previous studies of the 1980s identified *(Clark/Fujimoto 1991)* have in fact been a primary focus of the capability-building efforts by the western auto-makers during the early 1990s, although some other aspects, such as multi-project management and product simplification also became crucial issues *(Nobeoka 1993; Nobeoka/Cusumano 1995; Fujimoto 1996b, 1997; Fujimoto/Clark/Aoshima 1992; Watkins/Clark 1992)*. The present paper also suggests that the problem-solving framework that the author's past studies have adopted in analyzing effective product development *(Clark/Fujimoto 1989a, 1989b, 1991; Fujimoto 1989)* can be also applicable to the analysis of more recent phenomena. Thus, new technologies, practices, processes, and organizations have been introduced as the competition of capability-building in product development continued, but the principles for effective product development in this industry seem to have been robust, despite some changes in their applications.

---

[1] This is an abridged and revised version of Fujimoto, T. (1997), „Shortening Lead Time through Early Problem-Solving – A New Round of Capability-Building Competition in the Auto Industry", Tokyo University Discussion Paper No. 97-F-12.

2 Automobile Product Development in the 1980s

2.1 Product Development Performance

Let us first focus on the international comparison of product development performance in lead time, product development productivity and total product quality. The key findings in product development performance during the 1980s were as follows:

(1) Significant advantages of the Japanese in both lead time and productivity of product development were observed (Figs. 1, 2).
(2) Significant inter-firm differences in total product quality were found among the Japanese (Table 1).
(3) Consequently, only a few Japanese auto makers achieved high performance in all three criteria.

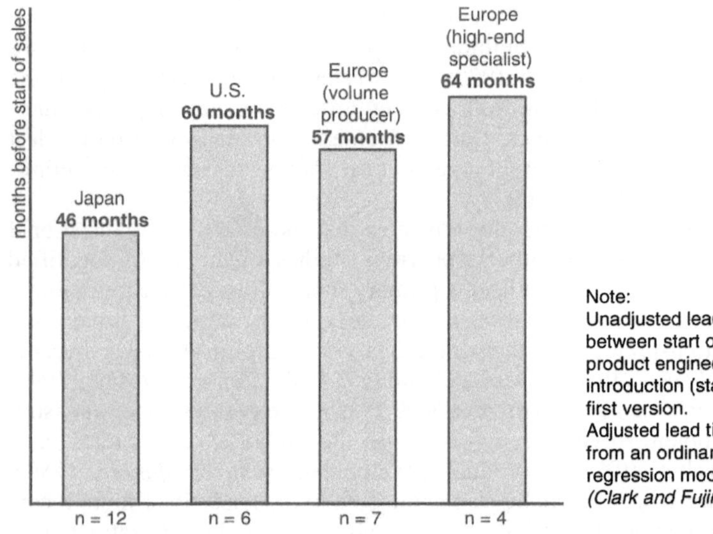

Note:
Unadjusted lead time is the time between start of concept study/ product engineering and market introduction (start of selling) of the first version.
Adjusted lead time was calculated from an ordinary least square regression model.
(Clark and Fujimoto, 1991)

Fig. 1: Adjusted Lead Time by Regional-Strategic Groups

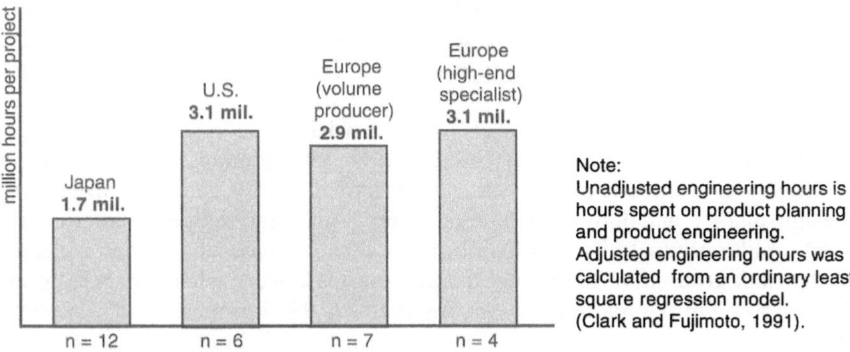

Fig. 2: Adjusted Engineering Hours by Regional-Strategic Groups

Table 1: Ranking of Product Development

ranking	regional origin	score
1	Europe (high-end)	100
1	Japan	100
1	Japan	100
4	Europe (high-end)	93
5	Japan	80
6	U.S.	75
6	U.S.	75
8	Europe (high-end)	73
9	Europe (high-end)	70
10	Japan	58
11	Europe (volume)	55
12	Europe (volume)	47
13	Japan	40
14	Europe (volume)	39
15	Europe (volume)	35
15	Japan	35
17	Europe (volume)	30
18	Japan	25
19	U.S.	24
20	Japan	23
21	U.S.	15
22	U.S.	14

Note:
For further definitions of TPQ index, see *(Clark and Fujimoto, 1991).*
Weights = 0.3 for total quality; 0.1 for conformance quality; 0.4 for design quality; 0.2 for customer share;
Score = 100 for top 1/3; 50 for middle 1/3; 0 for bottom 1/3; 100 for share gain; 50 for share loss; 75 for border case.
(Clark and Fujimoto, 1991)

On the one hand, the Japanese makers as a group demonstrated significant competitive advantages in productivity and lead time. In development productivity (measured by hours worked per project, adjusted for project content by multiple regressions), the average of the Japanese projects (about 1.7 million person-hours) were on average nearly double as efficient as those of the U.S. and the European projects (about 3 million person-hours). In development lead time (measured by time elapsed from concept study to start of sales, adjusted for project content), also, the Japanese projects were on average about a year faster to complete a project than the western cases (about 4 years in Japanese average versus 5 years in Europe and America). The regional differences were statistically significant even after the adjustment of project content factors such as product complexity and variety, innovativeness, ratio of carry-over parts, involvement of parts suppliers, etc.

On the other hand, performance differences **within** the regional group were also identified: In product integrity (measured by total product quality index, or TPQ, which is a composite of such indicators as total quality, manufacturing quality, design quality and long-term market share), no clear regional pattern were detected, unlike productivity and lead time. A few Japanese companies appeared in the top-rank group in total product quality, but there were other Japanese found at the bottom. Similar patterns were observed in the European and American groups.

2.2 Product Development Capabilities

Clark and Fujimoto (1991) also found that, apparently corresponding to the presence of both region-specific and firm-specific effects in product development performance, both region-specific and firm-specific patterns also existed on the side of product development capabilities (i.e., organizational routines that create competitive advantages of a firm). Through data analyses, the authors identified the following capabilities at high-performing firms in product development (note that capabilities (1) to (4) were found in the Japanese auto-makers in general, whereas the capability (5) tended to be found only in a few high-performing Japanese firms identified in the previous section):

(1) Suppliers' Engineering Capability: The Japanese companies tended to subcontract out a larger fraction of product development tasks, particularly in detailed component design, prototyping and testing, to their first-tier parts suppliers, and thereby keep the in-house project compact (see Fig. 3). The compactness of the projects, in turn, contributed to shorter lead time and higher development efficiency by simplifying the task of project coordination to a manageable level. *Clark and Fujimoto (1989, 1991)* identified statistically significant positive effects between the degree of supplier's participation and overall speed or efficiency of the projects. The Japanese makers also enjoyed lower component cost by letting the suppliers pursue design for manufacturing. Although some predicted that suppliers might take this opportunities to seek monopoly rents and raise component prices, the actual competitive results indicate that the effect of cost reduction by design-for-manufacturing outweighed the monopoly effects.

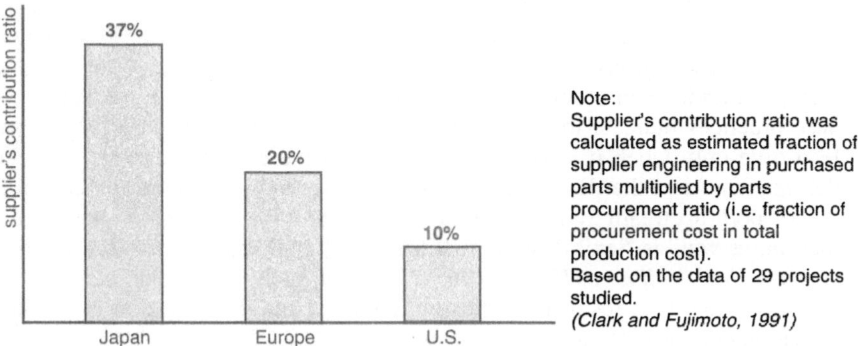

Fig. 3: Supplier's Contribution to Product Development

(2) **Manufacturing Capability in Product Development:** The Japanese auto makers tended to apply their capabilities in manufacturing to critical activities in product development, which, in turn, contributed to improvement in overall performance of product development. For example, application of just-in-time philosophy to body die shops seem to explain part of the reason why die development lead time of the average Japanese projects was much shorter than that of the western projects (see Fig. 4). Their capabilities of managing prototype parts procurement, mixed model assembly, and quick shop-floor improvements also helped the Japanese makers carry out fast and effective prototyping, pilot run and production start-up.

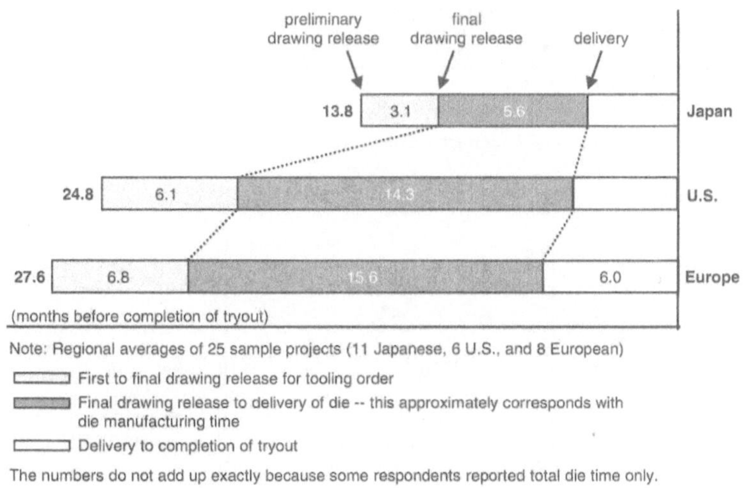

Fig. 4: Lead Time for a Set of Dies for a Major Body Part

(3) **Capability of Inter-Stage Overlapping and Coordination:** The Japanese projects tend to overlap upstream stages (e.g. product engineering) and downstream stages (e.g. process engineering) more boldly than the American and European projects in order to shorten overall lead time (see Fig. 5). The Japanese practices indicate that the overlapping approach can effectively shorten lead time only when it is combined with intensive communications between the upstream and the downstream. Effective overlapping also needs capabilities of both upstream and downstream people to cope with incomplete information, as well as flexibility, mutual trust, and goal sharing between the two stages *(Clark/Fujimoto 1989b, 1991)*. Without such conditions, stage overlapping is likely to result in confusion, conflict, and deterioration in product development performance.

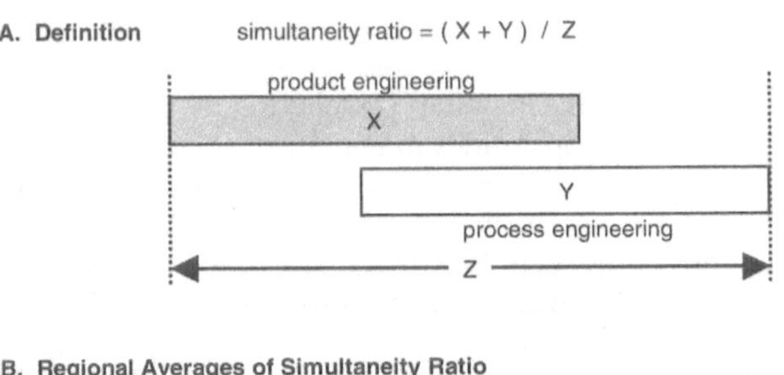

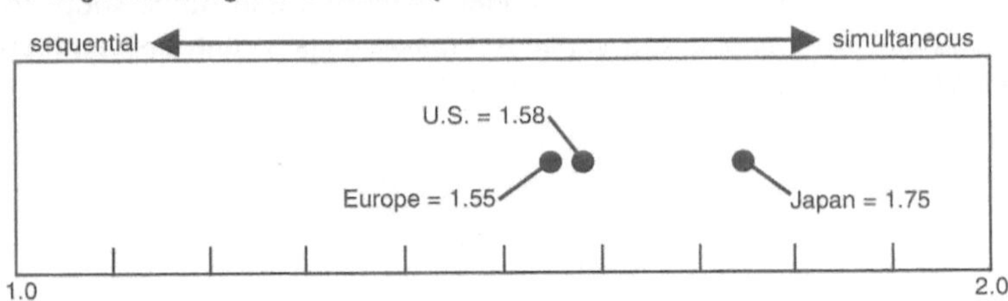

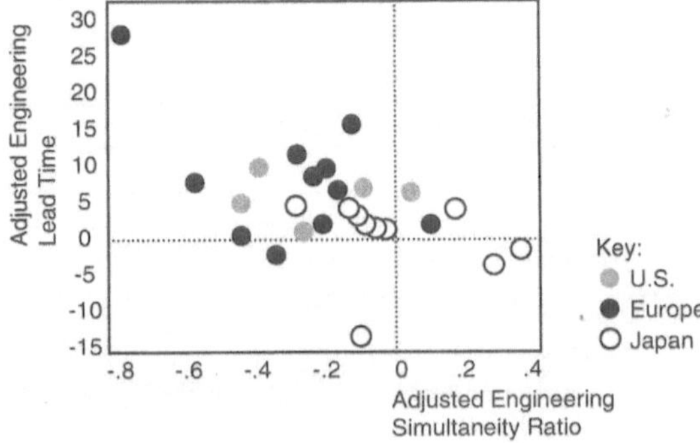

Fig. 5: Definition and Result of Simultaneity Rate

(4) **Wide Task Assignment:** The empirical result of Clark and Fujimoto also indicates that the lower the specialization of individual product engineers (i.e. the broader the task assignment of each engineer), the faster and more efficient the projects tend to be (see Fig. 6).[2] This result implies that many of the product development organizations in the auto industry of the 1980s were suffering from an „overspecialization" syndrome. Although, generally speaking, specialization of engineers is necessary for efficient accumulation of technical expertise for a complex product like the automobile, this data indicates that the capability-building on this direction may result in over-shooting, or over-building of such capabilities that turns out to be dysfunctional.

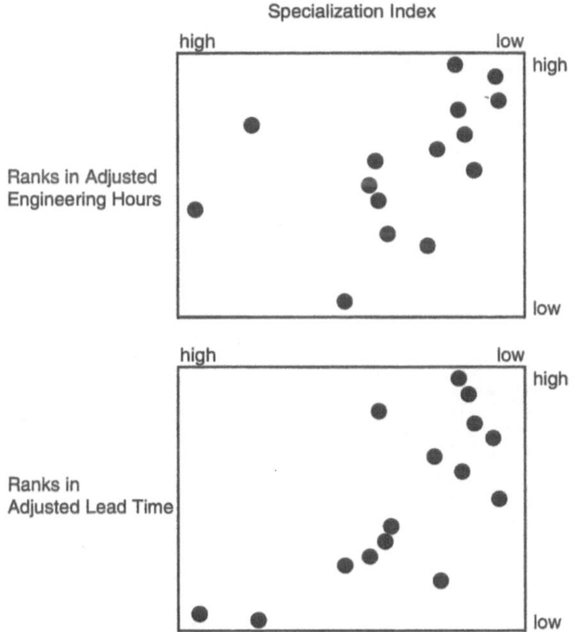

Note: Spearman rank order coefficient is significant at 5% level.

(Fujimoto, 1994)

Fig. 6: Definition and Result of Simultaneity Rate

[2] Specialization index is measured as the number of project execution team members adjusted for project content. For details of the definition, see *Clark and Fujimoto (1991)*.

(5) **Heavy-Weight Product Manager:** The development organizations which achieved high performance in lead time, productivity and product integrity simultaneously tended to be those which combined powerful project coordinator and concept creator in one role (see types 3 and 4 in Fig. 7). Clark and Fujimoto called this role „heavyweight product manager" *(Clark/Fujimoto 1990, 1991; Fujimoto/Iansiti/Clark 1996)*. Their statistical result, using certain indices of organizational patterns, indicated that heavyweight product manager systems tended to result in high scores in all three dimensions of product development performance, as far as volume producers of the 1980s were concerned (see Fig. 8).

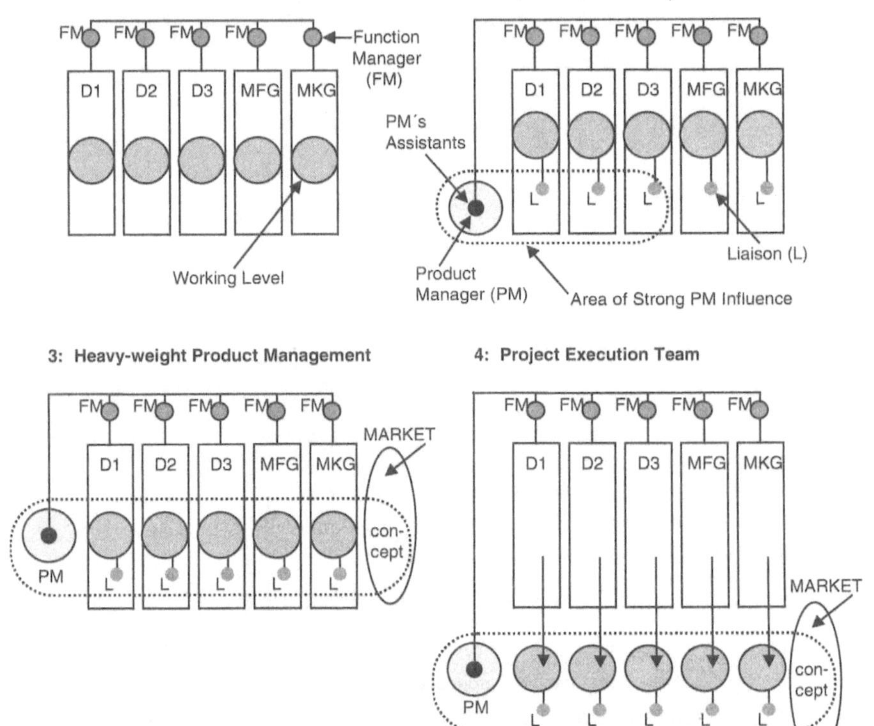

Note:
D1, D2 and D3 stand for functional units in development. MFG stands for manufacturing; MKG for marketing.
(Clark and Fujimoto, 1991)

Fig. 7: Four Modes of Development Organizations

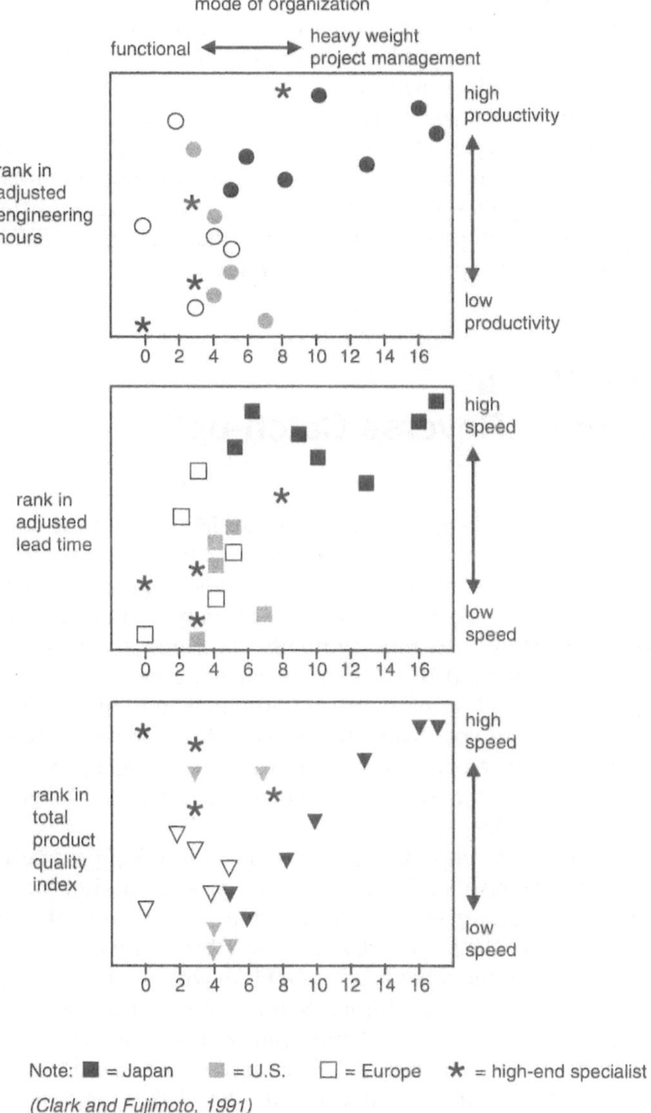

Fig. 8: Mode of Organization and Development Performance

To sum up, the author's data analysis in the 1980s suggested that effective product development organizations that enjoy short lead times, high development productivity, and high total product quality at the same time needed to build a set of mutually complementary routines-capabilities. There was no magic techniques that could instantly make a company the world class product developer – the key to success was a pattern constancy. The study also indicated that the common-denominator of the high-performing routines – supplier involvement, manufacturing for design, integration of product-process engineering, small and coherent teams, and heavyweight product manager – is effective management of interconnected problem solving cycles which include: early, rapid, and accurate execution of each problem solving cycle; effective simulation (be it physical, virtual, or mental) of future production and consumption; frequent and high-band-width communications that integrates numerous problem solving cycles. Effective organizations for product development were the ones that facilitated effective management of the interconnected problem solving cycles.

3 The Early 1990s: The Western „Reverse Catch-up"

Partial but Significant Catch-up by the American Makers: In the late 1980s to the early 1990s, product development performance of the Japanese firms did not show any significant progress in terms of lead time and engineering hours, if not product integrity, according to the Harvard University's study *(Ellison et al. 1995)*. Average engineering lead time (virtually the same as the time between exterior styling approval to start of sales in the Japanese case; about 30 months) and engineering work hours (i.e. productivity; around 2 million person-hours per project after adjustment) did not change much. Planning lead time (from the start of concept generation to project approval or exterior styling approval) became significantly longer, making the total development lead time also longer (see Fig. 9 for the changes in lead times).

In addition to the stagnant improvements in product development performance, the Japanese auto-makers also suffered from „fat" product design problems that surfaced as a cost disadvantage of the Japanese automobiles after the further appreciation of yen in 1993–1994 *(Clark/Fujimoto 1994; Fujimoto 1996b, 1997, 1999)*. The U.S. makers, on the other hand, caught up with the Japanese quickly in both engineering hours and total lead time. Main contributor of the lead time reduction at that time was planning lead time rather than engineering lead time, though (see Fig. 9). They also converged their pattern of organizational routines to that of the Japanese effective producers of the 1980s in many aspects *(Clark/Fujimoto 1991, 1994; Ellison et al. 1995; Fujimoto 1997)*.

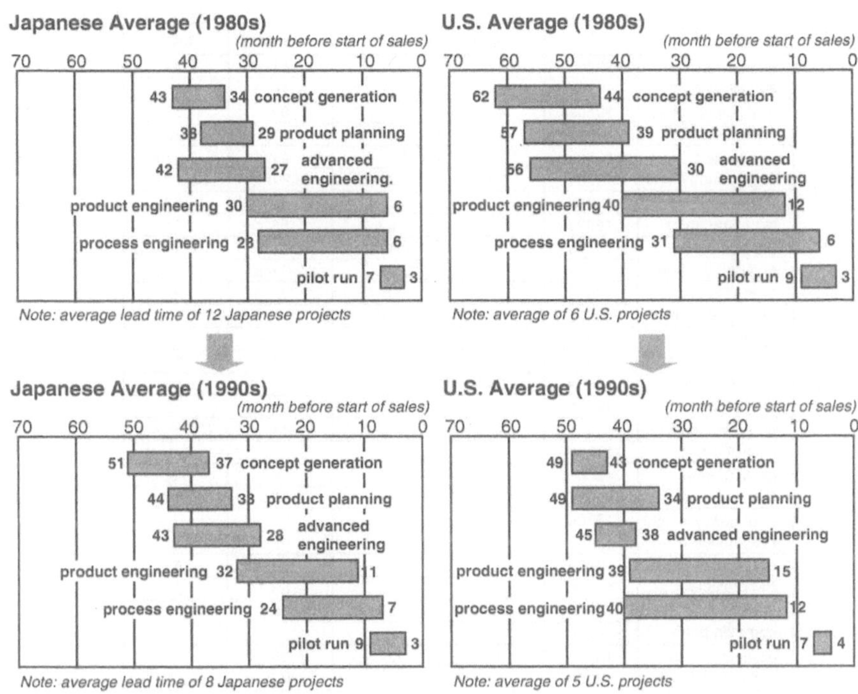

Fig. 9: Average Project Schedule (Unadjusted) – 1980s Versus Early 1990s

For example, the data that Clark, Ellison and Fujimoto collected in 1993 as an update of the former Harvard University study *(Ellison et al. 1995)* clearly indicate that the U.S. auto makers changed their product development structures from mostly light-weight product manager types in the 1980s to mid to heavy weight ones in the 1990s (see Table 2). The study also shows that the ratio of black-box parts in total procurement cost at the sample U.S. projects jumped from 16% on average in the 1980s to 30% in the early 1990s (the equivalent number in Japan is about 50 to 60%). It also identified a tendency of convergence in product development capabilities in such areas as die making lead times, prototype making lead times, product-process overlapping ratio, and so on. Thus, in most of the themes that *Clark and Fujimoto (1991)* identified in the 1980s, the authors had observed partial adoption by the western auto makers by 1993.

Table 2: Regional Comparison of Product Development Performance and Routines

		Japan	U.S.	Europe	total
number of sample projects	1980s	12	6	11	29
	1990s	8	5	12	25
unadjusted total lead time (mo.)	1980s	43	62	61	53
	1990s	51	52	59	55
unadjusted engineering hours	1980s	1.2 mil.	3.5 mil.	3.4 mil.	2.5 mil.
	1990s	1.3 mil.	2.3 mil.	3.2 mil.	2.5 mil.
adjusted total lead time (mo.)	1980s	45	61	59	53
	1990s	55	52	56	55
adjusted engineering hours	1980s	1.7 mil.	3.4 mil.	2.9 mil.	2.5 mil.
	1990s	2.1 mil.	2.3 mil.	2.8 mil.	2.5 mil.
% of supplier´s proprietary parts	1980s	8	3	6	6
	1990s	6	12	12	10
% of black box parts	1980s	62	16	29	40
	1990s	55	30	24	35
% of detail -control parts	1980s	30	81	65	54
	1990s	39	58	64	55
prototype lead time (mo.)	1980s	7	12	11	9
	1990s	6	12	9	9
die lead time (mo.)	1980s	14	25	28	22
	1990s	15	20	23	20
% of heavy weight PM projects	1980s	17	0	0	7
	1990s	25	20	0	12
% of mid to heavy PM projects	1980s	83	17	36	52
	1990s	100	100	83	92
% of common parts	1980s	19	38	30	27
	1990s	28	25	32	29
product complexity index	1980s	95	92	83	90
	1990s	68	76	100	85

(Ellison, Clark, Fujimoto and Hyun, 1995)
For the methods of adjustment for product complexity and definition of product complexity index, devised by Ellison, see appendix of the above paper. For other definitions, see, also, (Clark and Fujimoto, 1991).

4 The Late 1990s: The Japanese Cutting Lead Times Again?

4.1 Reduction of Engineering Lead Times by Some Japanese Makers

To understand the nature of the industrial marathon in product development, let us examine relatively recent cases of a new challenge by the Japanese auto makers: further reduction on lead times. This example indicates that re-intensification of competition could happen in any area of product development performance, and that the renewed competition requires renewed efforts for capability re-building.

The source of the new competition in development lead times is again the Japanese. In the mid 1990s, some Japanese started to shorten lead times between the styling approval (e.g., clay model approval) and start of sales (close to what Clark and Fujimoto call engineering lead time) from approximately 30 months to around 20 months or even less *(Nobeoka/Fujimoto 1996)*. In February 1997, for example, Nissan announced that it will develop all the new models after 1997 with 19 months lead time between exterior design fix and production. This was a challenge not only to their western competitors but also to the Japanese themselves: As explained earlier in this paper, the average Japanese engineering lead time was about 30 months in Clark and Fujimoto's 1980s survey, and it was basically unchanged in the early-1990s study. Other historical evidences tell us that the Japanese major projects (except some exceptional cases such as Mazda Miata) maintained this 30 months standard for nearly twenty years until the mid 1990s, when they suddenly started to cut engineering lead times not incrementally but rather drastically by nearly a year.

This was the time the western catch-up in overall lead times was already obvious and that in engineering lead times also started to take shape. It is of course true that shorter lead times do not guarantee success of individual new products, but it would raise the „batting average" of the firm's new products, and it would also result in fewer engineering work-hours (i.e., higher development productivity), which brings about more opportunities of new product introductions, other things being equal. Thus, to the western auto makers, which were in the middle of closing lead time gaps, this spurt of some Japanese firms means that the target is moving again. Thus, the capability-building competition is refueled, and the „industrial marathon" continues *(Clark/Fujimoto 1994)*.

4.2 Problem-Solving View for Analyzing Lead Time Cutting

In analyzing the data, the key concept was early, short and overlapped problem solving. Again, the basic principle does not seem to change much from *Clark and Fujimoto (1991)* in this particular industry. An underlying assumption is that it takes more cost and time to solve problems later in the development projects, while fidelity of the early simulation models tends to be low *(Clark/Fujimoto 1991; Fujimoto 1993)*. The question is how to make the best balance between these conditions. For analyzing lead time cutting, let's start from the following basic characterization of the automobile product development:

(1) Product development consists of a bundle of numerous problem solving cycles, each of which consists of design, build, and test activities. Each cycle includes simulation models (e.g., physical engineering prototypes, clay models, pilot vehicles, computer simulations, tough experiments, etc.) for predicting effects of the design alternatives on future consumption and production processes. The problem solving cycles are structured as a hierarchical form: the cycles are iterated to complete a task that create a solution for each component; the tasks are integrated into major stages of development such as product engineering and process engineering (see Fig. 10).

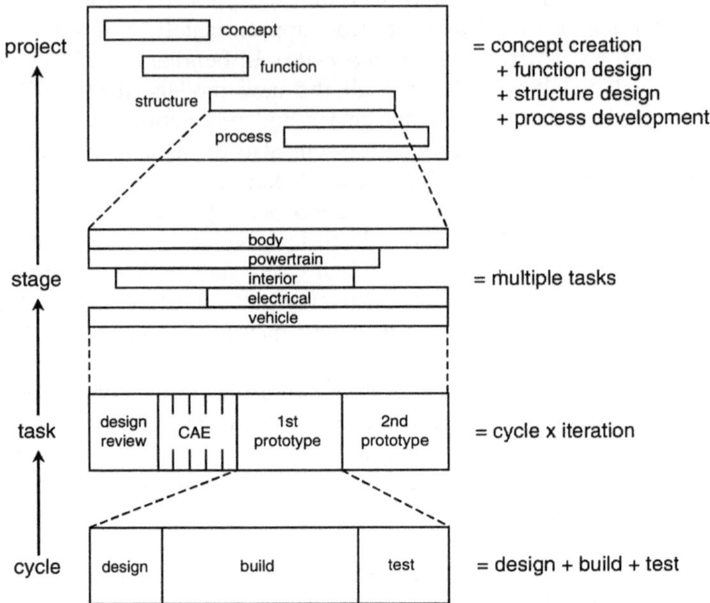

Fig. 10: Product Development Project as Problem-Solving Cycles and Stages

(2) Automobiles continue to be a complex and integrated product *(i.e., integral product architecture in the term of Ulrich and Eppinger (1995))* that are difficult to decompose into functionally independent components. The components are interdependent and/or interfering with each other in many cases. There are efforts to make this product more module-oriented, particularly in Europe, but there are some limits. Thus, horizontal linkages of tasks (component problem solving cycles) have to be managed for reduction of lead times.

(3) Automobiles continue to be a complex product which needs at least some physical functional prototypes to check its functional and structural integrity and total system performance. They also continue to be mass-produced products made mainly by steel, and thus need stamping die development. To the extent that both prototype making and die making needs significant lead times, vertical linkages between product and process engineering stages need to be carefully managed.

(4) To reduce lead times of product development as a bundle of problem solving cycles, managers and engineers have to shorten, simplify, or overlap the activities at all stages of the hierarchy shown in Fig. 10 – compress time needed for each activity; reduce iterations for solving a problem; overlap the cycles on a critical path, and so on. Of course, such measures for lead time cutting have to be conducted without sacrificing cost and quality of the product.

Based on the above assumptions and the problem solving perspective, let's now classify basic ways for lead time cutting. Fig. 11 shows alternative methods of cutting product development lead times through enhancement of a firm's problem solving capabilities.

Note that my main point here is that shorter lead time means earlier completion of problem solving. It is possible to imagine a situation in which lead times are unilaterally cut by sacrificing the degree of problem solving (e.g., cutting the development lead time by three months and create many more manufacturing problems and design changes during the production start-up period), but I do not call it real lead time cutting. With this in mind, let's look at the figure, which classifies several ways of lead time cutting at the microscopic level: partitioning, overlapping, compressing, de-iterating, switching and Front-Loading. For simplicity, the base case (state 1 in each case) in Fig. 11 is problem solving that needs two cycles to complete; a rectangular stands for one cycle of problem solving (i.e., one iteration of a design-build-test cycle), in which the horizontal axis stands for time, while the vertical axis represents the fraction of the problems solved at that point; the black or shaded triangles mean that problems are gradually solved as problem solving cycles progress and iterate; only two modes of problem solving (simulation) are considered in the figure for simplicity of discussion – physical prototype simulation (black) and virtual computer simulation (striped).

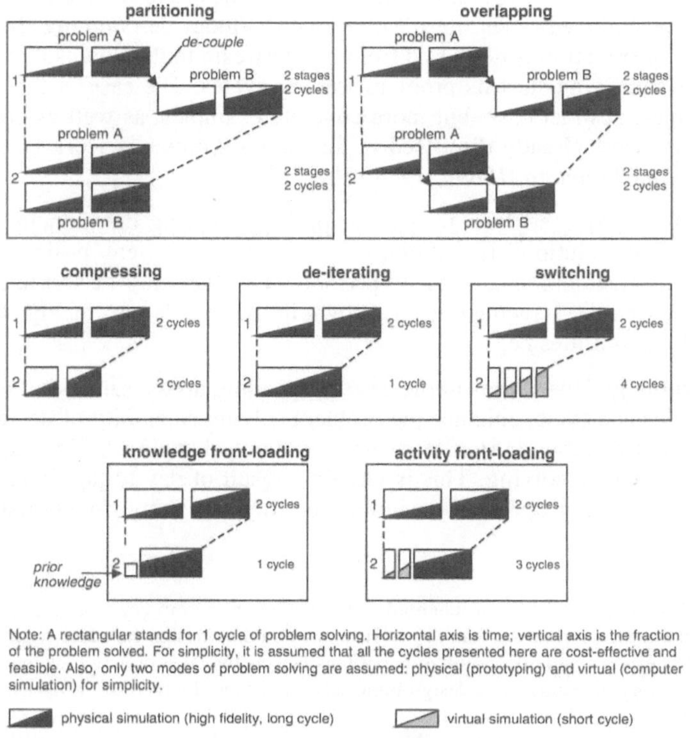

Fig. 11: Basic ways for Shortening Problem-Solving Time (from case 1 to case 2)

Based on these assumptions, and starting from the base case, it is possible to identify at least several methods of lead time cutting, which I will explain next. Note that, for each column, state 2 enjoys shorter lead times than state 1, but for different reasons.

(1) **Partitioning:** The first two columns of Fig. 11 assumes two stages or tasks of problem solving (A and B) linked in tandem so that the output of stage A becomes input of stage B. For example, body engineering of a fender panel and die development for that fender are a typical pair of stages. Floor panel design and electric wire harness design are another example of pair of tasks. The first thing that the engineers may typically try is partitioning or de-coupling *(von Hippel 1990)*. When there are two interconnected problem solving tasks or stages, and if there is an opportunity to eliminate or weaken this informational link, then the manager may get extra freedom to shift the downstream problem solving upward and thereby cut the overall lead time. The partitioning strategy works particularly well at the level of the problem solving task – by modularizing the product architecture (i.e., simplifying the interface between parts), it is possible to de-couple problem solving tasks on the critical path, make them parallel, and thereby reduce the overall lead time.[3]

(2) **Overlapping:** Starting from a similar situation of two stage problem solving, managers can try another frequently used strategy – overlapping. This is the case in which the downstream stage/task (B) is moved to the parallel or semi-parallel position vis-à-vis the upstream (A) without de-coupling them. Preliminary information is delivered from the upstream to the downstream so that the later can flying-start its problem solving cycles. The case in the figure is the simplest abstract case, but more concrete examples, as well as conditions or success were already discussed in the author's previous work *(see for example Clark/Fujimoto 1989a, 1989b, 1991)*.[4]

So far I have explored how to shorten problem solving duration in multiple cases, where the solutions (partitioning or overlapping) were basically to reposition the downstream stages/tasks up-front. The other way of shortening lead times is to shorten the stage/task itself, shown in the middle part of Fig. 11. Let's explore such possibilities next.

(3) **Compressing:** This is the simple case of speeding up the same kind of activities inside each cycle, enhance the problem solving capability of design, build or test, and thereby shorten lead times without changing basic sequence or mode of problem solving. This is largely a result of day-to-day improvement efforts of speeding up detail designing, prototype making, functional testing,

---

3 At the level of stages, there is an inherently logical sequence from concept creation to functional product design (product planning) to structural product design (product engineering) to process engineering, simple de-coupling is not feasible. At the level of activities in each cycle, there is also a logical sequence of design-build-test that cannot be ignored, simple partitioning is not possible.

4 Note that the overlapping strategy can be applied to the level of stages, tasks, cycles and activities.

analysis, etc. The reduction of lead times tends to be incremental, accordingly.

(4) **De-iterating:** Another simple idea is to reduce the number of iterations before the final solution is acquired, using the same method. For instance, the number of batches of physical prototype building may be reduced: The number of CAD-CAE iterations for convergence may be also reduced. In any case, simple de-iteration tends to be a power play that requires enhancement in sheer capacity of simulation models or efficiency of search strategies.

(5) **Switching:** This means reduction of lead times (usually a significant reduction) by changing the mode of the problem solving cycle from a slow one to a rapid one. A typical example is the switch from physical prototyping (a traditional long cycle mode) to virtual computer simulation (a non-traditional short cycle mode). *Thomke (1995)*, for example, reports and analyzes the condition of such a switching in the case of integrated circuits. The cases of complete replacement of physical prototypes by computer models is not common yet as of the mid 1990s, but we will see this in more industries in the near future.

The last three cases mentioned above, compressing (3), de-iterating (4) and switching (5), are, in a sense, basic building blocks, whereas the last two cases, shown at the bottom of Fig. 11, are a somewhat more complex combination of these elements – Front-Loading. Front-Loading, as a means for shortening lead times, means to make early efforts to acquire information for completing the problem solving task faster. The information may include partial solutions to the problem or partial knowledge on causality. Such information may be acquired by simply fetching prior knowledge (knowledge Front-Loading), or by conducting preliminary problem solving up-front (activity Front-Loading).

(6) **Knowledge Front-Loading:** means acquiring prior knowledge so that the problem is already partially solved when the problem solving starts. As the figure indicates, prior knowledge creates opportunity for reducing the iterations and thereby shorten overall lead times. So it may be regarded as a variant of de-integration. A typical case of prior knowledge is information from the predecessor projects *(Watkins/Clark 1992; Aoshima 1996)*. Knowledge Front-Loading tends to be effective in the products which are evolving at a moderate speed, so that the prior knowledge is not obsolete.

(7) **Activity Front-Loading:** This is the case where partial solutions are quickly created by certain rapid modes of problem solving (e.g., CAE simulation, rapid prototyping methods, design review meeting, etc.), which alleviate the work load for completing the problem solving later on. Note that this is, in a sense, a combination of early switching and later de-iteration. This pattern becomes effective in relatively complex and equivocal products, for which the fidelity of rapid simulation methods (e.g., CAE) is still limited (otherwise the previous case of complete switching to the new simulation method will simply happen). Note that, in this particular case the number of problem solving cycles increased (from 2 to 3), but overall lead time was reduced (I will return to details of activity Front-Loading later on).

These are the main methods of cutting lead times through enhancing problem solving capabilities. These methods can be applied to the case of the automobile and any other product development cases in which lead time cutting is a focus of competition. These methods may be used wherever feasible at the levels of stages, tasks, cycles and activities of problem solving.

5 Preliminary Evidence on Front-Loading

Having laid out the problem-solving framework for analyzing lead time cutting, let's take a look at some empirical evidence on those Japanese firms that are reducing engineering lead times in the mid 1990s. Since this is a new phenomenon, systematic data collection has not started yet at this point, and the author has to rely mostly on anecdotal evidence. Thus, the following discussion is based on interviews at several Japanese auto-makers conducted between 1994 and 1996, although the names of the companies are neither disclosed nor hinted for confidentiality purpose. It turned out, through this field research, that the major ways for lead time cutting in the mid 1990s have been partitioning, overlapping, and Front-Loading as shown in Fig. 11. Simple compression of the same developmental activity may also be an important factor in analyzing, for example, drastic lead time cutting in major die-making activities that is apparently happening at some companies, but this paper does not analyze it due to insufficient information. De-iterating is also observed in physical prototype construction, but this is not a simple de-iteration but rather a result of Front-Loading. Switching from physical prototypes to virtual simulations is also important, but what is happening in the auto industry is not a complete switch from the former to the latter *(Thomke (1995) discusses the case of the complete switch)*, but a partial switch as a part of Front-Loading. Task partitioning and overlapping have also been much discussed in the past *(e.g., von Hippel 1990; Clark/Fujimoto 1991)*. So, the rest of the paper focuses on Front-Loading and interprets the anecdotal evidence from the problem-solving's point of view.

5.1 Front-Loading – The key in the mid 1990s

More than anything, Front-Loading is the one that is the most important in explaining the lead time cut among the Japanese *(Nobeoka/Fujimoto 1996; Thomke/Fujimoto 2000)*. Let's explore its logic and practice in further detail.

The Logic of Front-Loading: To the extent that a product development project is characterized as a system of numerous problem solving cycles, Front-Loading can be defined as early acquisition of information for early completion of problem solving iterations *(Nobeoka/Fujimoto 1996; Thomke/Fujimoto 2000)*. Front-Loading, in this sense, refers to a situation in which (1) increasing problem solving cycles at the early stage (activity Front-Loading) or (2) the use of prior knowledge about past problem solving (knowledge Front-Loading) reduces the necessary amount of problem solving cycles at the later stage so that the overall resource and/or time needed for the entire product development project will also be reduced (see the bottom two cases of Fig. 11 again).

For now, let's examine the case of activity Front-Loading within a certain task or stage, in which early and rapid problem solving cycles (e.g., CAE) reduce iterations of long cycle problem solving (e.g., prototypes) later on. For simplicity, suppose that there are two types of simulation models (see Fig. 12): physical prototypes and virtual computer models. Traditionally, physical prototyping tended to need longer lead times and higher cost per cycle, but enjoyed higher fidelity (reliability of results of each run). By contrast, virtual simulations were relatively rapid, but its overall fidelity or representativeness was lower than the physical ones (this is shown as the lower saturation level in the Fig. 12).

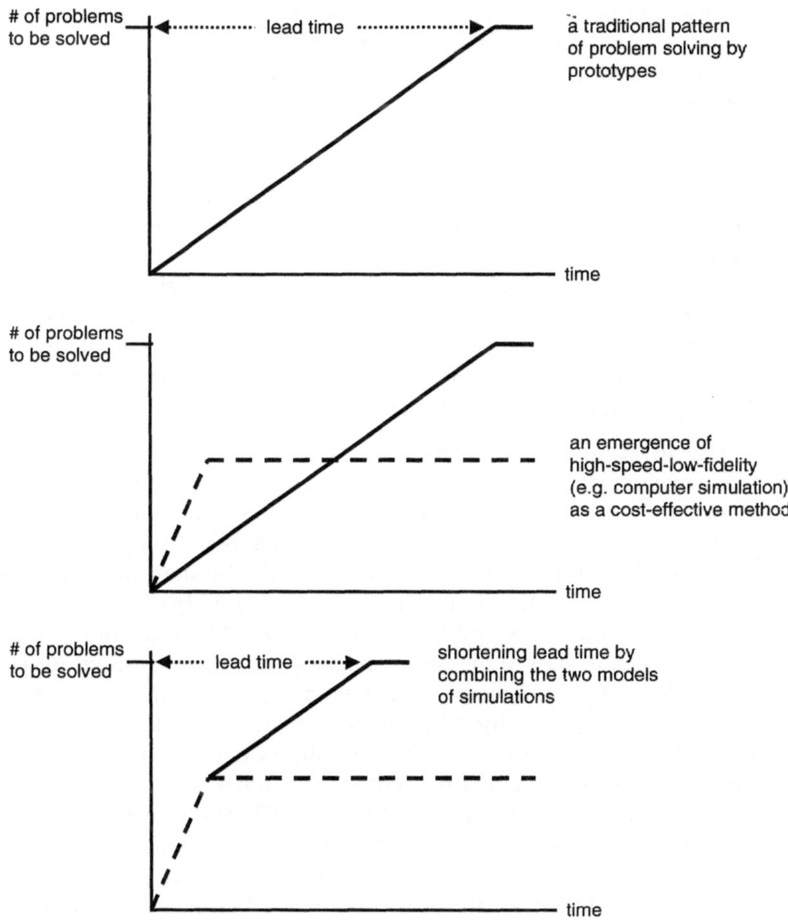

Fig. 12: Early Problem Solving (Activity Front-Loading)

As fidelity of computer models increased (or unit cost to get the same fidelity decreased), virtual iterations at early stages of iterations became economically and technically feasible. Firms started to make many iterations of virtual prototypes (low cost, short cycle time methods), which enabled the first physical prototype to be built closer to the ultimate target range so that the number of the latter iterations could be dramatically reduced. As a result, as Fig. 12 shows, the total number of iterations (virtual + physical) may increase, but the total lead time is reduced.

Solving Problems before Prototypes is Key: The name of the lead time cutting game in the mid 1990s is to make the first engineering prototype (and prototype drawings) as complete as possible and cut the prototype iterations, or to solve as many problems as possible before the first prototype drawings are released. This is essentially what I call „early problem solving".

Physical prototype vehicle is essentially a slow, expensive but high fidelity method for simulating the product-customer experience. Since there are no other simulation methods that can substitute prototype vehicles in their ability to reproduce accurately total vehicle functions (if not partial representation – crash testing may be effectively done by today's CAE, for example), the problem solving iterations for the product engineering stage needs to end with physical prototypes (you cannot eliminate physical prototypes altogether, unlike some other electronic products *(Thomke 1995)*). In traditional cases, there were two or three iterations (or batches) of prototype building (each with 30 to 40 on average), so if you can successfully reduce the number of iterations, then its lead time cut effect is dramatic. This is what these companies were trying.

How can one reduce the number of problems remaining before the first prototype is built? There are two complementary approaches – (1) early use of rapid problem solving (activity Front-Loading), (2) prior knowledge (knowledge Front-Loading), which increases the fidelity of the design information before the prototype. Effective prototyping itself is also the key.

(1) **Early Use of Rapid Cycle Problem Solving:** There are some alternative methods for simulating the product and its function with higher speed, but with lower fidelity, than the prototypes themselves. Some are new technologies, and others are traditional organizational methods. Computer-Aided Engineering (CAE) simulations, linked often with 3-dimensional Computer-Aided Design (3-D CAD), are increasingly used for early evaluation of product functionality and marketability. In some firms CAE simulation is required before releasing a design to the prototype shop. Effective firms so far tend to use them selectively and cleverly rather than depending on sheer computing power of super computers for all problems (reduction of design lead time itself by CAD is not significant compared with its impact on other lead times such as CAE simulation, CAM for prototyping, quick making of bills of materials, etc.). Some firms are using 3-D CAD-CAE also for early evaluation of design manufacturability and assemblability. 3-dimensional CAD-CAE enables the development projects to integrate parts for structural checking (e.g., parts interference, dimensional miscalculation) earlier than the first prototype, which was the first opportunity for such an integration in the past. Evaluation

of total vehicle functions is more difficult, but accuracy of CAE for this purpose is gradually increasing. Some firms also try to make the CAE simulation results more visual so that problems can be detected more easily and quickly by engineers other than CAE specialists. Rapid prototypes (RP), or partial prototypes using certain „soft“ materials (paper, wood, plastic, clay, etc.) and often directly linked to 3-D CAD data through computer-aided manufacturing (CAM) or through stereo-lithography, are used more frequently at lead-time-cutting firms. Rapid prototyping may also be used for early evaluation of assembly or manufacturing feasibility. Some of the effective lead time cutters use Design Reviews (DR) earlier, more frequently, and with wider participation, as well as other forms of early evaluation of designs, with or without early prototypes or CAE simulations. DR is essentially a collective mental simulation of design alternatives. DRs were mostly done after the first prototypes in the past, but some Japanese firms are doing more DRs earlier.

(2) **Prior Knowledge:** Smart Use of CAE and RP: Effective firms tend to front-load knowledge from previous projects. Many problems are found and solved even before the project starts. This gives the project more focus on the areas where problems occurred more frequently than in other areas (e.g., underbody, engine compartment, door-lid openings, cockpits, pillars). Simulation models tend to be made earlier and more accurately in these areas than in other areas (selective simulation).

Although recent technologies of electronics and materials are enabling relatively rapid and inexpensive ways of building and running simulation models, technology does not seem to be the sufficient condition of lead time reduction, though. For example, effective companies tend to use rapid prototyping and CAE selectively and wisely by deliberately matching the nature of the problem to be solved (functionality, aesthetics, fitting, manufacturability, etc.) and types of the prototypes to minimize cost and time and just-enough fidelity. This simplifies the simulation models, given the problems to be solved, and thus shortening lead times for simulation model building and running, while saving cost. Behind such selective and smart use of new technology is a combination of deep prior knowledge in both engineering problems themselves and new simulation tools. The latter alone is not enough.

5.2 Overall Effect: Shift of Problem Solving Curves

I have so far explored various ways of shortening lead times separately, but the bottom line is to solve the overall customer problem by a new product as early as possible. Conceptually, this means shifting a cumulative problem solving curve as shown in Fig. 13. Let’s assume a case of a full model change for now. The model is renewed because the auto-firm judges that the existing one does not solve the target customers’ problems any more. The gap between the existing model’s functions and future customers’ expectations is the overall problem to be solved, which can be decomposed into numerous sub-problems to be solved through the new product development. We can plot the number of such sub-problems on the vertical axis, time on the horizontal axis, and draw a cumulative problem-finding curve, an alternative generation curve, and a problem-solving curve for each product development (see Fig. 13).

As the figure indicates, lead time reduction for a model change project can be reinterpreted as the shift of the cumulative problem-solving curve to the left. For this purpose, the project would try (1) to maximize the number of prior problem solving, (2) to minimize the problems unfound, (3) to shift the cumulative problem-finding curve, (4) to minimize the time lag between the problem-finding curve and the problem-solving curve, and (5) to minimize the problem unsolved at the end of the project. In this way, the cumulative problem-solving curve is shifted to the left, and the lead time is reduced without sacrificing product quality or cost.

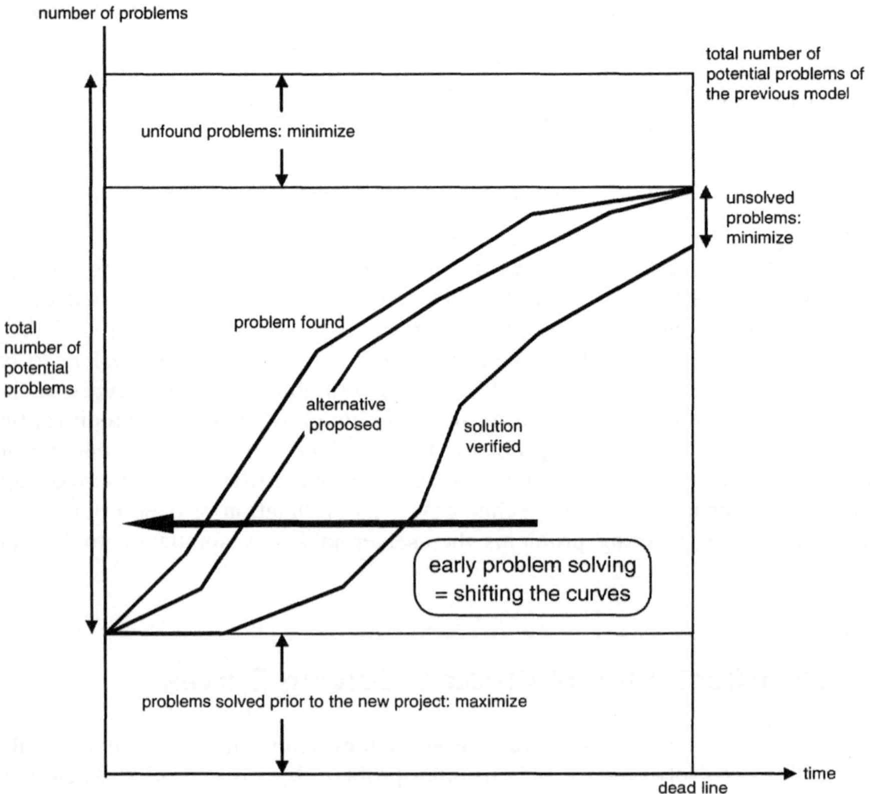

Fig. 13: Shift of Cumulative Problem Solving Curve

It is important to note that lead time reduction is an effect of capability-building in product development (i.e., shift of the problem solving curve). One manager of an effective lead-time-cutting company, for example, warns that lead time reduction itself should not be treated as a goal – it is a consequence of an enhanced capability.

Thus, the management attention should be first focused on capability, rather than lead times themselves. In a sense, cutting lead time can be done overnight if deterioration of initial product quality and increase in product cost is allowed: what is difficult is to cut lead times without sacrificing initial quality and project costs, and it is possible only with enhancement of organizational capabilities in problem solving.

6 Summary and Future Research

This paper examined the improvements of product development performance in the 1980s and 1990s. The Japanese advantages in the 1980s were explained by a set of mutually complementary routines *(for historical explanation on how these routines emerged, see Fujimoto 1997, 1998, 1999)*. The data in the early 1990s also indicated that the western auto-makers achieved a significant catch-up vis-à-vis the Japanese in product development performance partly by adopting the organizational routines that Clark and Fujimoto identified in the 1980s study as a complementary set of capabilities.

Finally, this paper made a preliminary analysis on the case of recent re-intensification of the capability-building competition, in which some Japanese firms again reduced lead times between design fix to start of sales from the previous 30 months to about 20 months or even less. Through the present analysis, it was indicated that the set of routines-capabilities for effective automobile product development that the earlier Harvard University study identified *(Clark/Fujimoto 1991)*, as well as the problem solving framework behind such routines, can explain at least a part of the patterns of capability-building competition in this field during the 1990s. It was pointed out in this paper that the issue of lead time cutting should be analyzed as that of early problem solving, and forward shift of problem-finding curves and problem-solving curves and engineering work load curves. It was also argued that what companies do for this purpose is not lead time cutting per se but capability-building for early problem solving, and that the former occurs as a consequence of the latter.

The competition of capability-building is an endless „industrial marathon" *(Clark/ Fujimoto 1994)*. Whereas the western auto-makers are rapidly catching up the Japanese in many areas of product development performance and routines, some Japanese are also starting to renew its efforts to improve their performance as of the mid 1990s. While such see-saw game continues, I predict that the regional differences (i.e., the Japan effect) observed during the 1980s may become obscure in the long run, and capabilities of individual firms will increase its relative importance. Mutual learning between the competing firms will continue, as the capability-building competition intensifies. To analyze such dynamics of the new industrial competition, researchers would have to continue consistent data collection and analysis in the long run toward the first part of the next century.

7 Reference

Aoshima, Y. (1996), Knowledge Transfer across Generations: The Impact on Product Development Performance in the Automobile Industry, Unpublished Ph. D. Dissertation, Massachusetts Institute of Technology, Boston (Mass.) 1996

Clark, K. B.; Chew, W. B.; Fujimoto, T.; Meyer, J.; Scherer, F. M. (1987), Product Development in the World Auto Industry, in: Brookings Papers on Economic Activity, Washington, 1987, No. 3, pp. 729–771

Clark, K. B.; Fujimoto, T. (1990), The Power of Product Integrity, in: Harvard Business Review, 1990, November/December, pp. 107–118

Clark, K. B.; Fujimoto, T. (1991), Product Development Performance. Boston (Mass.) 1991

Clark, K. B.; Fujimoto, T. (1989a), Lead Time in Automobile Product Development: Explaining the Japanese Advantage, in: Journal of Engineering and Technology Management, Amsterdam, 1989, Vol. 6, No. 1, pp. 25–58.

Clark, K. B.; Fujimoto, T. (1989b), Overlapping Problem Solving in Product Development., Harvard Business School Working Paper No. 87-048, 1987, also in: Ferdows, K. (ed.), Managing International Manufacturing, Amsterdam 1989, pp. 127–152

Clark, K. B.; Fujimoto, T. (1994), The Product Development Imperative: Competing in the New Industrial Marathon, in: Duffy, P.B. (ed.), The Relevance of a Decade, Boston (Mass.) 1994

Ellison, D. J.; Clark, K. B.; Fujimoto, T.; Hyun, Y. (1995), Product Development Performance in the Auto Industry: 1990s Update, Harvard Business School Working Paper No. 95-066, Boston (Mass.) 1995

Fujimoto, T. (1989), Organizations for Effective Product Development – The Case of the Global Automobile Industry, Unpublished D.B.A. Dissertation, Boston (Mass.) 1989

Fujimoto, T. (1993), Information Asset Map and Cumulative Concept Translation in Product Development, in: Design Management Journal, 1993, Vol. 4, No. 4, pp. 34–42

Fujimoto, T. (1997), The Dynamic Aspect of Product Development Capabilities: An International Comparison in the Automobile Industry, in: Goto, A.; Odagiri, H. (eds.), Innovation in Japan, pp. 57–99, New York 1997

Fujimoto, T. (1996a), An Evolutionary Process of Toyota's Final Assembly Operations – The Role of Ex-post Dynamic Capabilities, Discussion Paper No. 96-F-2, Tokyo University, Faculty of Economics, Tokyo 1996 (Presented at Third International Workshop on Assembly Automation, Ca'Foscari University of Venice, October 1995)

Fujimoto, T. (1996b), Capability-Building and Over-Adaptation – A Case of 'Fat Design' in the Japanese Auto Industry, INSEAD Euro-Asia Center Working Paper, Fontainebleau 1996

Fujimoto, T. (1998), Reinterpreting the Resource-Capability View of the Firm: A Case of the Development-Production Systems of the Japanese Auto Makers, in: Chandler, Jr. A. D.; et al. (eds.), The Dynamic Firm, pp. 15–44, New York 1998

Fujimoto, T. (1999), The Evolution of a Manufacturing System at Toyota, New York 1999

Fujimoto, T.; Clark, K. B.; Aoshima, Y. (1992), Managing the Product Line: A Case of the Automobile Industry, Harvard Business School Working Paper No. 92-067, Boston (Mass.) 1992

Fujimoto, T.; Iansiti, M.; Clark, K. B. (1996), External Integration in Product Development.", in: Nishiguchi, T. (ed.), Managing Product Development, pp. 121–189, New York 1996

Hippel, E. von (1990), Task Partitioning: An Innovation Process Variable, in: Research Policy, 1990, No. 19, pp. 407–418

Nobeoka, K. (1993), Multi-Project Management: Strategy and Organization in Automobile Product Development, Unpublished Ph.D. Dissertation, Massachusetts Institute of Technology, Boston (Mass.) 1993

Nobeoka, K.; Cusumano, M. A. (1995), Multi-Project Strategy, Design Transfer, and Project Performance: A survey of Automobile Development Projects in the US and Japan, in: IEEE Transactions on Engineering Management, New York, 1995, Vol. 42, No. 4, pp. 397–410

Nobeoka, K.; Fujimoto, T. (1996), Presentation at International Motor Vehicle Program (Massachusetts Institute of Technology), Sponsor Meeting, Sao Paulo 1996

Thomke, S. (1995), The Economics of Experimentation in the Design of New Products and Processes, Unpublished Ph.D. Dissertation, Massachusetts Institute of Technoloy, Boston (Mass.) 1995

Thomke, S.; Fujimoto, T. (2000), The Effect of 'Front-Loading' Problem-Solving on Product Development Performance", in: The Journal of Product Innovation Management, New York, 2000, Vol. 17, No. 2, p. 128–142

Ulrich, K.; Eppinger, S. (1995), Product Design and Development, New York 1995

Watkins M.; Clark, K. B. (1992), Strategies for Managing Multiple Projects, Harvard Business School Working Paper, Boston (Mass.) 1992

Motivation bei hochqualifizierten Wissensarbeitern

Dipl.-Ing. Jörg Menno Harms,
Vorsitzender des Aufsichtsrates der Hewlett-Packard GmbH
und der Hewlett-Packard Holding GmbH

Das Thema dieses Beitrags lautet „Motivation von High-Q-Mitarbeitern". Eine Thematik also, die immer mehr in den Mittelpunkt des betriebswirtschaftlichen Interesses rückt. Gleichwohl: dieses Thema ist nicht erst seit heute von erheblicher Relevanz für die Unternehmen. Die Bedeutung, die motivationalen Aspekten insbesondere bei hochqualifizierten Mitarbeitern zukommt, wurde bei Hewlett-Packard schon vergleichsweise früh erkannt. Die folgenden Seiten werden daher davon handeln, auf welche Weise Hewlett-Packard versucht, das Engagement und die Kreativität dieser sogenannten Wissensarbeiter zu verbessern.

In betriebswirtschaftliche Fachtermini übersetzt geht es im Nachfolgenden also um „*human asset utilization*", und zwar unter den veränderten Rahmenbedingungen der sich formierenden Wissensgesellschaft. Hinzu kommt, dass nicht nur die Ressource Wissen stetig an Einfluss gewonnen hat (und sicherlich noch weiter gewinnen wird), sondern auch, dass nun die ersten Mitglieder der sogenannten „Null-Bock-Generation" (oder auch „*generation X*") – also diejenigen, die zwischen 1965 und 1981 geboren wurden – damit beginnen, Verantwortung in Form von Führungsaufgaben in den Unternehmen zu übernehmen. Neben den durch die gestiegene Bedeutung der Ressource Wissen für den betriebswirtschaftlichen Wertbeitrag implizierten Veränderungen kommt es mithin auch zu Verschiebungen in den persönlichen Wertvorstellungen der Mitarbeiter. Es stellt sich daher die Frage, worin sich diese Werte von denen früherer Generationen unterscheiden. Untersuchungen zeigen, dass sich das Verhalten der von den Amerikanern auch als „*nihilistic layabouts*" apostrophierten Generationsmitglieder vor allen Dingen durch eine geringere Hierarchie- und eine dafür um so stärkere Teamorientierung auszeichnet. Infolgedessen ist die Loyalität zum eigenen Umfeld (die eigene Person, das Arbeitsteam, der enge Umkreis) auch deutlich höher ausgeprägt als bei anderen sozialen Bezugsobjekten (Arbeitgeber, gesellschaftliche oder staatliche Institutionen). Mit anderen Worten, es ist das Ziel dieser Generation, Arbeit und Leben besser miteinander in Einklang zu bringen, eine bessere „*work life balance*" zu erreichen. Darüber hinaus zeigt sich, dass diese Generation eine deutlich höhere Mobilität aufweist. Im Übrigen ist sie auch die erste Generation, die mit der Informationstechnik richtig umgehen kann. Letzteres macht sie natürlich für die IT-Branche besonders interessant.

Engagement und Kreativität auf ein hohes Niveau zu heben und dort zu halten, das sind meiner Ansicht nach die beiden wichtigsten Herausforderungen für unsere Volkswirtschaft in den kommenden Jahrzehnten. Dies erfordert entsprechende Aus- und Weiterbildungssysteme, aber auch die Bereitschaft jedes Einzelnen, Wissen aufzunehmen, anzureichern und weiterzugeben. Damit der Wissenstransfer gelingt, sind immer wieder ähnliche Fragestellungen im persönlichen Umgang zwischen und unter den Mitarbeitern zu lösen: Wie kann das Management erreichen, dass die Mitarbeiter ihr Wissen miteinander teilen und dass individuell erworbenes Wissen anderen zeitnah zur Verfügung gestellt wird? Wie kann gewährleistet werden, dass Mitarbeiter in Teamstrukturen zusammenarbeiten, dass also Kooperationsbereitschaft und -fähigkeit sichergestellt werden?

Es ist offensichtlich, dass jungen Menschen in diesem Zusammenhang eine besondere Rolle zukommt. Die dabei existierende Ambivalenz spiegelt sich sehr schön in der folgenden Bemerkung eines F&E-Managers bei Hewlett-Packard wider: „Hiring young people is risky but can add to creativity. Young folks don't know that some things are not possible." Die Unternehmen benötigen gerade diese engagierten, kreativen Absolventen, die auch immer wieder bereit sind, zeitweise an die Hochschulen zurückzukehren, um neu hinzu zu lernen. Auch aus diesem Grund ist es übrigens das Ziel von Hewlett-Packard, den Anteil der weiblichen Berufsanfänger auf 50 Prozent zu erhöhen. Leider liegt der Anteil heute weit darunter, vor allem in einer so technischen Branche wie der IT-Industrie. In Deutschland gibt es rund 12.000 Unternehmen, die Forschung und Entwicklung betreiben. Diese beschäftigen insgesamt etwa 450.000 Mitarbeiter in Forschung und Entwicklung. Wie auch schon mehrfach an anderer Stelle in diesem Buch hervorgehoben wurde: der zukünftige Wohlstand in Deutschland (und dies gilt natürlich nicht nur für dieses Land allein) wird in entscheidendem Maße von der Art und Weise abhängen, wie mit den Menschen in Forschung & Entwicklung umgegangen wird.

Das Anforderungsprofil an den Einzelnen hängt dabei sehr stark davon ab, mit welcher Geschwindigkeit die F&E-Prozesse ablaufen. Hewlett-Packard ist inzwischen bei „*lead times*" von drei Monaten bei Personal Computern angelangt. Unter diesen Bedingungen steigen die Anforderungen an das Verhalten der Beteiligten drastisch an; noch so effiziente Geschäftsprozesse und noch so ausgeklügelte Methoden wie beispielsweise Front-loading (siehe Takahiro Fujimoto an anderer Stelle) oder Heavy-product-management nützen wenig, wenn daneben deutliche Ineffizienzen infolge von Verhaltensdefiziten existieren; salopp ausgedrückt heißt das: „Die Chemie muss stimmen, sonst läuft bei zeitkritischen Abläufen gar nichts mehr."

Die bisherigen Ausführungen mögen bei dem einen oder anderen den Eindruck erwecken, das Gesagte gelte ausschließlich für Forscher und Entwickler. Dies wäre jedoch unter den Prämissen einer wissensbasierten Branche, wie es die IT-Industrie nun einmal längst ist, zu kurz gefasst. Es muss vielmehr darum gehen, mit allen Mitarbeitern den richtigen Umgang zu pflegen, sie alle in das gemeinsame Boot zu holen, sie zum Lernen und zum Eigenengagement zu motivieren. Die Bedeutung, die einer sorgfältigen Mitarbeiterqualifikation hierbei zukommt, wird aus den folgenden Zahlen deutlich: Von den rund 8.000 Mitarbeitern von Hewlett-

Packard Deutschland besitzen zwei Drittel einen Hochschulabschluss, die Hälfte davon sind Ingenieure.

Meine Erfahrung lautet, dass der richtige Umgang mit den Mitarbeitern schon die „halbe Miete" für ein erfolgreiches Unternehmen ist. Management, Strategie und Struktur können lediglich einen weiteren Beitrag dazu liefern. Umso bedenklicher müssen also Studien stimmen, die zeigen, dass sich ein Großteil der deutschen Belegschaften in einem Zustand der Inneren Kündigung befinden. Die folgenden Seiten werden sich deshalb mit der Förderung der Rolle des Mitarbeiters, wie sie bei Hewlett-Packard gesehen wird, beschäftigen.

Die vier Aspekte, deren Kommunikation in diesem Zusammenhang für Hewlett-Packard eine maßgebliche Rolle spielt, sind: **Zweck** der Organisation, **Werte** der Organisation, **Qualifikation & Kompetenzen**, **Technologieeinsatz**. Über diese Punkte muss im Unternehmen unbedingt Klarheit herrschen, denn sie stellen unseres Erachtens nach die Voraussetzungen dar, dass die Mitarbeiter sich mit dem Unternehmen möglichst stark identifizieren können und sich ein homogenes organisationales Selbstverständnis entwickeln kann. Vor diesem Hintergrund erscheinen mir die Unternehmenswerte besonders wichtig; ich werde auf diesen Punkt daher sehr viel stärker eingehen.

Der erste der aufgeführten Punkte – der Zweck der eigenen Organisation – behandelt die Frage der **Sinnvermittlung**. Wir nennen das auch die „kritische Säure"-Frage: Warum sind wir eigentlich im Geschäft? Was ist Zweck der Organisation, auf welchen Annahmen basiert die Geschäftsgrundlage? Es gibt viele Unternehmen und auch andere Organisationen, die ihren Sinn längst verloren haben. Dies merken als erstes die Mitarbeiter. Im Ergebnis führt das zu tiefgreifender Demotivation. Daraus ist der Schluss zu ziehen, dass der Vermittlung der Sinnhaftigkeit des eigenen Tuns entscheidende Relevanz zukommt. Hewlett-Packard beispielsweise will durch seine Produkte und Dienstleistungen als Wissensbeschleuniger für Organisationen und Menschen im Umfeld des Internets fungieren. Diesem Zweck müssen die verschiedenen Unternehmensaktivitäten dienen.

Der zweite Punkt, und der scheint mir noch gewichtiger als der erste zu sein, betrifft die im Unternehmen vertretenen **Werte**. Es stellt sich doch die Frage, was sind das für Werte, die wir in unserem Unternehmen hochhalten? Wie „materialisieren" sich diese Werte in konkretem Verhalten? Und: Wie sind sie beeinflussbar?

Zur Einordnung und Thematisierung des Sachverhalts soll Abb. 1 dienen. Wie zu erkennen ist, sind die beiden Produktionsfaktoren Kapital und Arbeit als zwei getrennte Wirkungskreise eingezeichnet: die Mitarbeiter verfolgen bestimmte, persönliche Ziele, die Eigentümer streben die Realisierung definierter betrieblicher Ziele an. Von der jeweiligen Menge an Zielen lässt sich allerdings nur ein gewisser Anteil tatsächlich erreichen, angedeutet durch das Rechteck in der Mitte. Die Aufgabe der Unternehmensführung ist es nun, die Schnittmenge aus erreichbaren betrieblichen und persönlichen Zielen zu maximieren. Dort, wo dies gelingt, können gemeinsame Ziele realisiert werden. Allerdings ist auch offenkundig, dass eine vollständige Überdeckung nicht zu erzielen ist, da nicht in jedem Fall die Interessensbereiche miteinander harmonieren und Zielkonflikte auftreten. Dennoch sollte der Versuch dazu unternommen werden.

Betriebliche Ziele
Persönliche Ziele
Kapital
Arbeit
Erreichbare Ziele

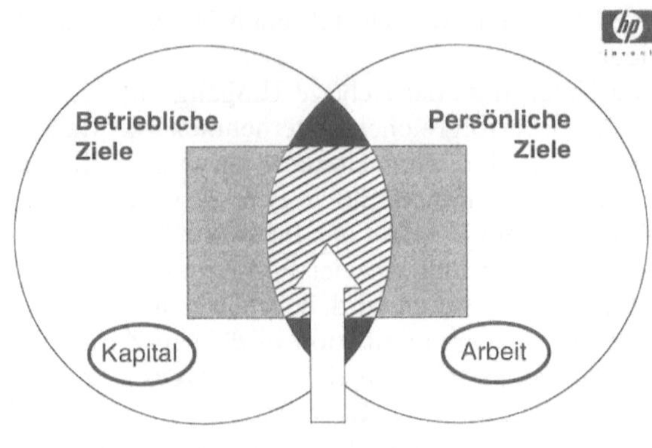

Abb. 1: Der Zielkontext

Es gibt leider einige Unternehmen, die von vornherein ein derartiges Unterfangen kategorisch ausschließen. Aus meiner Sicht schöpft ein solches Vorgehen das vorhandene Mitarbeiterpotenzial nicht aus; das Unternehmen agiert daher mittel- und langfristig suboptimal.

Wie also sehen die diesbezüglichen Wertvorstellungen von Hewlett-Packard aus? Die sogenannten „5 HP Werte" sind in Abb. 2 wiedergegeben. Dabei ist es zunächst von geringerem Interesse, dass diese oder ähnliche Werte von Unternehmen propagiert werden. In der Tat gibt es einige Organisationen, die solche Werte verfolgen. Entscheidend ist aber, dass und wie diese Werte gelebt werden. Darauf möchte ich im Folgenden näher eingehen.

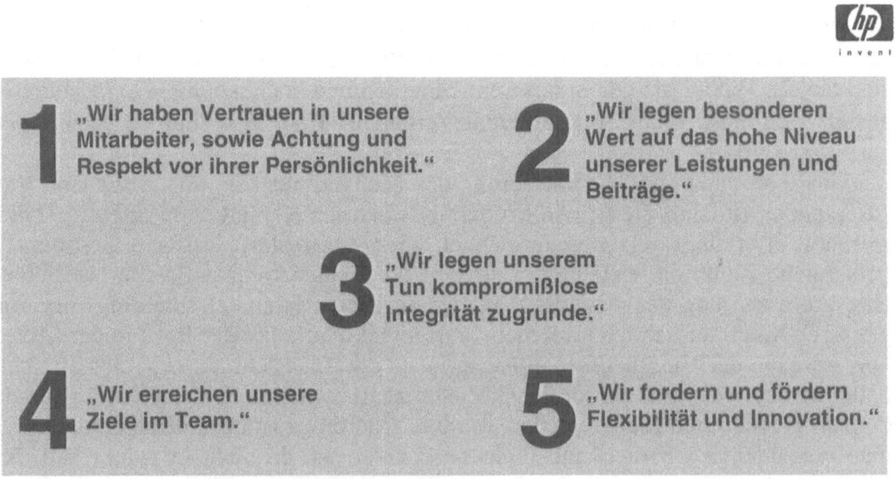

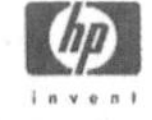

1 „Wir haben Vertrauen in unsere Mitarbeiter, sowie Achtung und Respekt vor ihrer Persönlichkeit."
2 „Wir legen besonderen Wert auf das hohe Niveau unserer Leistungen und Beiträge."
3 „Wir legen unserem Tun kompromißlose Integrität zugrunde."
4 „Wir erreichen unsere Ziele im Team."
5 „Wir fordern und fördern Flexibilität und Innovation."

Abb. 2: Die fünf HP-Werte – Grundlage des HP Ways

In der Mitte, in der Abbildung als Punkt drei markiert, steht die Forderung nach **kompromissloser Integrität**. Natürlich hat diese Forderung nicht nur für exponierte Mitarbeiter der Forschungs- und Entwicklungsbereiche zu gelten, sondern ist auf alle Beschäftigte des Unternehmens auszudehnen. Besondere Relevanz aber erfährt dieser Anspruch im Rahmen der Personalführung sowie im Kundenkontakt. Denn neben dem nach außen wirkenden Erscheinungsbild des Unternehmens gegenüber Konkurrenten, Kunden, Zulieferern und anderen Stakeholdern (im Sinne eines allgemeingültigen Geschäftsgrundsatzes) beeinflusst ein solches Gebot auch den Umgang im persönlichen Bereich. Für Hewlett-Packard ist dies daher ein ganz zentraler Punkt.

Ein zweiter Wert, hier als die Forderung nach einem **hohen Niveau der persönlichen Leistung** formuliert, bezieht sich auf die Leistungsbereitschaft und Leistungsfähigkeit des einzelnen Mitarbeiters. Dies fängt bei einer deutlichen Kommunikation dieses Anspruchs gegenüber den Beschäftigten an und geht bis zur Integration des Wertes in die Auswahlkriterien bei der Personalauswahl. Insbesondere von den Führungskräften erwartet Hewlett-Packard, dass sie eine „*can-do-attitude*" einnehmen, d.h. dass vorgegebene Ziele auch unter Beschränkungen, z.B. durch Budgetbegrenzungen, engagiert und lösungsorientiert angegangen werden. Packard bezeichnete diese Einstellung einmal als die „*5th dimension of management*". Um auf der anderen Seite die persönliche Leistungsbereitschaft nicht nur auf geplante Aufgaben einzuengen und damit potenzielle Innovationen zu unterdrücken, werden sogenannte „under-the-bench"-Projekte erlaubt. Es handelt sich hierbei um Forschungs- oder Entwicklungsprojekte, die nicht im Rahmen offizieller Entscheidungsprozesse genehmigt wurden. In der Regel werden rund 5 Prozent des jeweiligen F&E-Budgets hierfür zur Verfügung gestellt. Um in der Lage zu sein, die gesteckten Unternehmensziele auch erreichen zu können, legt Hewlett-Packard einen großen Wert auf fachliche, und hier insbesondere methodische, Kompetenz („*know your products, customers and competition*"). Dies gilt natürlich besonders im Rahmen des Personalauswahlprozesses bei der Einstellung neuer Mitarbeiter, aber auch für die berufsbegleitende Weiterbildung. Hinzu kommt, dass bei Hewlett-Packard die Ansicht vertreten wird, dass eine frühzeitige und deutliche Übertragung von Verantwortung auf Nachwuchskräfte für die persönliche Entwicklung der Mitarbeiter sehr vorteilhaft ist. Diese Philosophie erhöht darüber hinaus die Attraktivität nach außen, mit ein Grund übrigens, warum ich selbst zu dieser Firma wollte. Ein solches Vorgehen bedingt natürlich umgekehrt, dass Fehler durch die Unternehmensführung zugelassen werden. Gleichwohl muss jederzeit deutlich sein, wer für die Resultate verantwortlich ist, d.h. „*responsibility*" und „*accountability*" müssen zusammenfallen.

Wenn das Unternehmen auf der einen Seite hohe Leistungen von den Mitarbeitern erwartet, muss es auf der anderen Seite auch bereit sein, entsprechende Gehälter zu zahlen und den Prozess der Gehaltsfindung transparent zu halten. Offenkundig verflacht die Leistungsbereitschaft, wenn, salopp ausgedrückt, der Arbeitnehmer die Einstellung besitzt, „*Ich tue so, als ob ich arbeite*", weil ihm der Arbeitgeber zu verstehen gibt, „*Ich tue so, als ob ich Dich bezahle*". Das Ziel muss daher ein faires und transparentes, d.h. nachvollziehbares, Gehaltssystem sein. Bei Hewlett-Packard werden die einzelnen Gehälter deshalb von mehreren

Leuten begutachtet. Darüber hinaus werden alle Mitarbeiter, unabhängig von der Position, am Unternehmensgewinn und an Aktienprogrammen beteiligt. Auch der Lagerarbeiter kann „*stock options*“ erhalten. In erster Linie möchte Hewlett-Packard damit gute Arbeit sowie persönlichen Einsatz belohnen und die Mitarbeiter längerfristig an das Unternehmen binden. Ein Unternehmen, das seinen Mitarbeitern vertraut, dass sie gute Arbeit leisten und auch für gute Leistung gut zahlt, ein solches Unternehmen braucht kein Vorschlagswesen. Wir haben uns bei Hewlett-Packard bewusst gegen ein Vorschlagswesen entschieden, weil wir meinen, dass solche Systeme selbst schon ein Ausdruck dafür sind, dass im Unternehmen etwas falsch läuft. Denn auf den Punkt gebracht bedeutet das letztlich: Mitarbeiter werden dafür belohnt, dass sie gute Ideen zurückhalten. Es wird also übersehen, dass sie sich falsch verhalten, indem sie sich nicht richtig in den Arbeitsprozess einbringen.

Hewlett-Packard setzt daher stärker auf leistungsorientierte Belohnungssysteme, die diesen Mangel nicht besitzen. So werden z.B. im Bereich Forschung & Entwicklung Mitarbeiter belohnt, die sich durch gutes Projektmanagement ausgezeichnet haben. Eine besondere Form der Belohnung ist die Beauftragung zur Durchführung einer „*feasibility study*“ in einem bestimmten technologischen Bereich. Dies geschieht unabhängig davon, wie erfahren der Mitarbeiter ist. Diese Art der Verantwortungsübertragung motiviert immens. Natürlich ist ein solches Vorgehen riskant, denn die derart ausgezeichneten Mitarbeiter machen auch Fehler. Wir sind jedoch davon überzeugt, dass die direkt und indirekt abstrahlende Motivationswirkung diese Nachteile deutlich überwiegt.

Ein weiterer, dritter Wert aus Abb. 2 (rechts unten), der Grundlage des HP Ways ist, heißt: „**Wir fordern und fördern Flexibilität und Innovation**“. Tatsächlich handelt es sich hierbei um ein weit verbreitetes Paradoxon; überspitzt formuliert lautet es: Jeder will Innovation, aber ändern soll sich nichts. Innovation steht dabei für Reform und Erneuerung, d.h. es geht um die Gestaltung von Veränderungsprozessen. Hierfür sind zunächst die Veränderungstreiber zu bestimmen. Des Weiteren müssen die Mitarbeiter lernen, das Verändern zu lernen. Change Management ist eine wichtige individuelle wie kollektive Fähigkeit in diesem Zusammenhang. Die entsprechenden Lernprozesse sind von erheblicher Bedeutung für den wirtschaftlichen Erfolg des Unternehmens und sollten daher auch ganz bewusst und gezielt gestaltet werden. Dass dies im Einzelnen dem natürlichen Harmoniebedürfnis der Beteiligten widerspricht, welches sich oftmals in einer Wahrung des Besitzstandes und dem Agieren innerhalb der „Komfortzone“ ausdrückt, ist in vielfältiger Weise in der Unternehmenspraxis zu beobachten. Diese mentalen Differenzen sind zu erkennen und zu regeln. Dabei ist eine klare Sprache wichtig: „*Beautiful words are not true – true words are not beautiful*“, wie eine Führungskraft bei Hewlett-Packard dies einmal ausgedrückt hat. Flexibilität und Innovation bedingen die Fähigkeit zum Change Management. Kontinuierliche Verbesserungen, beispielsweise durch TQM oder Front-loading, sind erforderlich, damit man im Geschäft bleibt. 80 Prozent der F&E-Tätigkeiten dienen diesem Zweck. Das ist sehr wichtig und sollte daher auch systematisch betrieben werden. Aber wenn es gilt, Wachstum zu erzeugen und neue Geschäftsfelder zu entdecken und aufzubauen, sind Paradigmenwechsel notwendig, müssen sogenannte *„disruptive technologies*" gefunden werden. Letztere sind in der Regel nicht von Anbeginn für das Unternehmen produktiv einsetzbar und werden daher oft durch das Management unterschätzt. Auch kann nicht bestritten werden, dass Entwicklung und Reifung derartiger Technologien kaum prognostizierbar sind. Aus den genannten Gründen wird daher die Auseinandersetzung mit *„disruptive technologies*" oftmals als unangenehm empfunden. Das kann dazu führen, dass solche Technologien in ihren Wachstumspotenzialen für das Unternehmen gar nicht adäquat wahrgenommen werden. Aufgrund der dahinter stehenden, sicherlich teilweise erst mittelfristig realisierbaren Entwicklungsmöglichkeiten, müssen diese Brüche allerdings gewagt werden. Das Topmanagement muss begreifen, dass es hauptsächlich in seiner Verantwortung liegt, dass und wie die damit verbundenen Veränderungsprozesse gestaltet werden.

Auf welche Weise versucht nun Hewlett-Packard ein möglichst hohes Maß an Flexibilität und Innovationsfähigkeit zu erreichen? Wir meinen, dass eine flexible, innovative Organisation in erster Linie durch die Emulation einer **Start-up-Kultur** (*„rules of the garage*") geschaffen werden kann. Unsere diesbezüglichen Aktivitäten lassen sich daher auch mit „Erzeugung einer Start-up-Atmosphäre" überschreiben. Hewlett-Packard ist aus diesem Grund sehr dezentral und hierarchiearm organisiert, um möglichst kleine und übersichtliche Business Units zu erreichen. Natürlich führt ein hoher Dezentralisierungsgrad zu anderen funktionellen Nachteilen. So ist eine schnelle Koordination des Technologieeinsatzes in solchen Strukturen nicht einfach zu bewerkstelligen und es muss auch geklärt werden, wie die Unternehmensführung mit dem daraus zwangsläufig erwachsenden internen Konkurrenzkampf zwischen den verschiedenen Einheiten umgeht. Nichtsdestoweniger überwiegen für uns eindeutig die Vorteile des **Divisionskonzeptes**, nicht auch zuletzt deswegen, weil große, „anonyme" Organisationen demotivierend auf die Menschen wirken. Die Aufbauorganisation stellt hierbei aber nur einen – wenn auch zentralen – Parameter zur Erzeugung einer Start-up-ähnlichen Arbeitsumgebung dar. Ein anderer Gestaltungsfaktor betrifft die **Flexibilisierung der Arbeitszeit**. Hier versucht Hewlett-Packard den Anforderungen der Mitarbeiter entgegenzukommen, d.h. innerhalb einer bestimmten Toleranz gilt: wenn jemand länger arbeiten möchte, dann kann er das tun; und wenn jemand kürzer arbeiten möchte, dann kann er das ebenfalls tun. Um den Arbeitsfluss zu gewährleisten, müssen dazu natürlich gewisse Regeln eingehalten werden. Wir kennen bei Hewlett-Packard hierzu die unterschiedlichsten Modelle. So haben wir beispielsweise vor Kurzem im Rahmen des Projektes „Formel 4" die Arbeitszeitflexibilität neu bestimmt. Deutschlandweit existiert nun nur noch eine Funktionszeit von 6 Uhr morgens bis 18 Uhr abends, innerhalb der die Mitarbeiter ihre Arbeitszeit selbst festlegen. In manchen Bereichen geschieht dies allerdings nach wie vor noch in Abstimmung mit dem jeweiligen Vorgesetzten. Das Modell ist sehr flexibel und kommt somit den Gepflogenheiten des internationalen Informationsaustauschs hochqualifizierter Wissensarbeiter entgegen.

Neben den genannten Punkten „Übersichtlichkeit der Bereiche" und „Flexible Arbeits(zeit)modelle" beeinflusst die **Regulationsdichte** in starkem Maße die Flexibilität und Innovationsfähigkeit einer Organisation. Hewlett-Packard hat sich deshalb vorgenommen, sich auf ein Minimum an Vorschriften zu beschränken.

Allerdings fällt die Durchhaltung dieses Zieles in der täglichen Praxis sehr schwer: Für jede Vorschrift, die eliminiert wird, kommen häufig zwei neue hinzu. Diese Entwicklungstendenz verstärkt sich noch, wenn das Unternehmen weiter wächst. Es besteht dann sehr schnell die Gefahr, dass die Vorschriften das (unternehmenspolitisch) Gewünschte hemmen, anstatt das (unternehmenspolitisch) Unerwünschte zu sanktionieren. Dadurch werden Individuen klein gemacht und der Innovationskeim wird bereits im Ansatz erstickt. Das Ziel muss es aber doch sein, die einzelnen mit dem Unternehmen verbundenen Menschen zur Resonanz zu bringen. Dem selben Zweck dient das **Führen durch Zielvereinbarung** (Management-by-Objectives, MbO). Management-by-Objectives ist inzwischen beinahe zum unternehmensweiten Standard geworden. Das Problem, das ich hier vielmehr sehe, ist, dass keine echte Verantwortungsübertragung erfolgt. Tatsächlich erfolgt keine Delegation, sondern begrenzte Aufgaben werden zur Erledigung zugewiesen und von den Führungskräften kontrolliert, im schlimmsten Fall bis zum Mikromanagement.

Nebenbei möchte ich darauf hinweisen, dass die Gründer von Hewlett-Packard bereits 1930 das Konzept des Führens durch Zielvereinbarungen eingeführt haben. Dies war lange bevor das sogenannte Harzburger Modell in Deutschland diskutiert wurde. Abb. 3 zeigt ein von Dave Packard stammendes Präsentationschart zum Thema MbO. Besonders interessant fand ich immer den letzten Absatz, in dem es heißt, dass man sogar (!) in Deutschland mit Zielsetzungen arbeiten könne.

Das Rezept war einfach

1. **Ein Ziel haben,**
2. **es erklären und lehren**
3. **Zustimmung finden, wenn erforderlich mit Anpassungen,**
4. **jeden an den erreichten Zielen teilhaben lassen,**
5. **egalitär sein, um offene Kommunikation sicherzustellen.**

Selbst in einem Land wie Deutschland, mit ganz anderen Traditionen und Hintergründen, funktionierte dieses System, als es verstanden wurde, hervorragend. Wir hatten mehr Schwierigkeiten mit einigen älteren Unternehmen, die wir in den USA übernommen hatten.

Abb. 3: Management-by-Objectives

Im Zuge der voranschreitenden Globalisierung von Unternehmensaktivitäten ist allerdings zunehmend eine Tendenz zur Vertikalisierung, und damit Re-Zentralisierung, von Führungsaufgaben mit internationaler Verantwortung zu beobachten. Um die strategische Gesamtausrichtung des Unternehmens sicherzustellen, wird ein Großteil der Verantwortung hierarchisch nach oben gezogen, anstatt sich der lokalen Mitarbeiter mittels Management-by-Objectives zu bedienen. Es besteht die Gefahr, dass die Auswirkungen der Globalisierung zu einem Verlust der Management-by-Objectives-Fähigkeiten bei den Unternehmen führen könnten. Ich finde, dies zeigt sich auch in dem Slogan „*think global, act local*", der in der Tendenz verräterisch ist: als ob lokale Mitarbeiter internationaler Unternehmen nicht auch denken könnten! Letztlich setzt erfolgreiches unternehmerisches Agieren auch lokale Intelligenz voraus. Der Spruch zeigt damit für mich die drohende Verwechslung der Begriffe „*Globalisierung*" und „*Zentralisierung*".

Es muss nicht betont werden, dass Management-by-Objectives gerade im weltweiten F&E-Verbund ausgesprochen wichtig ist. Ich muss den Mitarbeitern sagen können, ihr seid verantwortlich, ich messe euch einmal im Jahr, und zwar je nach Reifegrad, und jetzt lauft ihr los. Nur so bekommen sie das „Glänzen" in die Augen. Und das ist es, was wir erreichen wollen.

Ein weiterer Aspekt zum Thema „Förderung von Flexibilität und Innovation", den ich ansprechen möchte, betrifft die **Entwicklung von Mitarbeitern** und das **Lernklima** in der Organisation. Insbesondere das Thema Mitarbeiterentwicklung haben wir in den letzten Jahren forciert, weil wir von unseren eigenen Mitarbeitern kritisiert wurden, dass Hewlett-Packard hier nachlässig geworden sei. Die Palette der dabei eingesetzten Maßnahmen reicht von „*training on the job*" bis zum „*sabbatical year*". Die verschiedenen Instrumente kommen sehr gut an, vor allem bei den jüngeren Mitarbeitern. Unter die Thematik Mitarbeiterentwicklung fällt auch der Punkt Beschäftigungssicherung, wobei ich diesen Begriff lieber durch den Term Beschäftigungsfähigkeit ersetzen möchte. Denn die eigentliche Zukunftssicherung besteht nicht mehr in erster Linie darin, eine möglichst sichere Beschäftigung zu finden, sondern vielmehr darin, das eigene Fähigkeitsprofil so auszugestalten, dass es eine möglichst einfache Adaption an sich verändernde Rahmenbedingungen erlaubt. Und das geht natürlich hauptsächlich über persönliche Initiative und geeignete Weiterbildung. Dies den Mitarbeitern deutlich zu machen, insbesondere in Deutschland, war nicht einfach.

Wir bei Hewlett-Packard sind darüber hinaus der Ansicht, dass die Fähigkeit zur Flexibilität und Innovation durch eine multikulturelle und heterogene Belegschaft gefördert wird. Wir glauben, dass dadurch die Kreativität und damit die Leistungsfähigkeit des Unternehmens verbessert werden kann. Deshalb stellen wir auch ganz bewusst Mitarbeiter aus anderen Nationen und Kulturkreisen, mit anderer Religionszugehörigkeit, mit unterschiedlichem Hintergrund, Alter und Geschlecht ein. Wir wollen vermeiden, dass eine Belegschaft aus weißhemdigen, 35-jährigen männlichen Ingenieuren – wie dies einmal leider der Trend bei uns war – entsteht. Das Ziel muss eine atmende Organisation sein. Das kann nicht über eine „Monokultur" erreicht werden, dazu muss das Unternehmen in gewisser Weise die gegebene gesellschaftliche Multidimensionalität nachbilden. Dann kann den verschiedenen Ansprüchen der Gesellschaft durch die Organisation auch leichter entsprochen werden. Kreativität entsteht häufig dadurch, dass bestehende Spannungen gemeinsam angegangen und gelöst werden. Gutes Konfliktmanagement und die Fähigkeit zur effektiven Kooperation sind also wichtige Faktoren, um zusätzliche kreative Potenziale zu eröffnen. Es sei an dieser Stelle angemerkt, dass Frauen bei diesen Fähigkeiten in der Regel besser abschneiden. Ein Grund, warum wir bei Hewlett-Packard den Anteil von Frauen an der Belegschaft erhöhen möchten.

- **Ermutigen Sie laterales und vertikales Denken**
- **Unterstützen Sie funktionsübergreifende Zusammenarbeit**
- **Vermeiden Sie formelle Vorträge**
- **Warten Sie nicht auf Marsch Befehle vom Management**
- **Haben Sie Mut, alte Regeln zu brechen**

Abb. 4: Open Mind

Schließlich möchte ich noch auf einen letzten Punkt in diesem Zusammenhang eingehen: **open mindedness**. Mit „*open mind*" verbinde ich die in Abb. 4 aufgeführten Beispiele. Die Liste enthält lauter Gesichtspunkte, die gerne verbal gefordert werden; aber wir, die Führungskräfte in den Unternehmen, müssen diese Aspekte auch durchsetzen. In einer Zeit, in der die meisten Unternehmen vertikal organisiert sind, ist es wieder um so wichtiger, zeitlich begrenzt über die verschiedenen Geschäftsbereiche hinweg zusammen zu arbeiten. Wettbewerbsvorteile können erreicht werden, wenn das Unternehmen in der Lage ist sowohl fokussiert in den einzelnen Business Units zu arbeiten als auch im Bedarfsfall auf horizontale Zusammenarbeit zwischen verschiedenen Divisionen umzuschalten. Das ist ein Verhalten, das gelernt werden muss. Die in Abb. 4 dargestellten Aspekte dienen dazu, eine Open-Mind-Atmosphäre zu erzeugen. Zwei miteinander in Beziehung stehende Aspekte, die ich gegenüber den anderen Punkten etwas herausheben möchte, weil sie mir in Deutschland besonders zutreffend erscheinen, betreffen die Frage nach dem Grad der **Bereitschaft zum selbständigen Arbeiten** und den **Mut, alt hergebrachte Regeln und Vorschriften zu brechen**. In Deutschland sind wir von unserer Kultur her scheinbar so angelegt, dass erst einmal – salopp ausgedrückt – auf die „ordre de mufti" gewartet wird bis konkrete Handlungen in Angriff genommen und Veränderungen angedacht werden. Gerade diese

Aspekte sind jedoch in heutiger Zeit unter den beschriebenen Bedingungen von maßgeblicher Relevanz.

Was in Bezug auf den einen oder anderen schon weiter oben genannten Punkt galt, nämlich die Schwierigkeit der Umsetzung, trifft insbesondere auch auf die Forderung zu, **team spirit** zu erzeugen. Es stellt sich die Frage, wie die Organisation nachhaltig engagierte Mitarbeiter binden und zu leistungsfähigen Teams integrieren kann. Nach meiner Erfahrung stehen dabei der Teamarbeit im Unternehmen nur in den seltensten Fällen wenige große Hindernisse im Weg, im Allgemeinen handelt es sich vielmehr um eine Vielzahl von kleineren Hürden. Ein Beispiel dafür ist der bei uns umgesetzte Verzicht auf Statussymbole. Das ist auch ein Gewöhnungsprozess auf Seiten des Managements. Man muss dabei eindeutig konzedieren, dass einige der in den Unternehmen gepflegten Privilegien bei Lichte betrachtet feudaler Art sind, wie z.B. Ausmaß und Ausgestaltung des Büros, Stand-by-Chauffeure oder der schon obligatorische reservierte Parkplatz direkt am Eingang. Ausdruck dieses Führungsstils ist die Tatsache, dass sich die Mitarbeiter von Hewlett-Packard intern mit Vornamen ansprechen und keinen Wert auf das formale Nennen von Titeln legen. Dass dies aufgrund der bis dato erlebten Sozialisation für den einen oder anderen neuen Mitarbeiter überraschend ist, kenne ich aus eigener Erfahrung. In den ersten Tagen meiner Tätigkeit bei Hewlett-Packard wurde ich zum damaligen Entwicklungsmanager Wolfgang Ohme gerufen. Er saß an seinem Schreibtisch, bot mir einen Platz an der Seite des Tisches an und sprach mich mit meinem Vornamen an. Und ich durfte ihn, meinen Entwicklungschef, auch mit seinem Vornamen anreden. Das war im Februar 1968 und ich kam frisch von der sehr hierarchischen Universität, war klassisch im deutschen Schulsystem erzogen worden, hatte die Grundausbildung in der deutschen Marine absolviert, und da reden mich meine Vorgesetzte plötzlich mit Vornamen an. Natürlich werde ich oft gefragt, ob das nicht amerikanische Verhältnisse sind. Ich antworte dann: „Ja, und? So what? Ist das nicht ein natürliches Verhalten?" Entscheidend ist doch, dass die Arbeit Spaß macht und die Kommunikationshürden gesenkt werden.

Dass wir bei Hewlett-Packard einen **informelleren Umgang** pflegen, führt auch nicht zu einem Mangel an Disziplinlosigkeit, wie man vermuten könnte. Zum offenen Umgang miteinander gehört auch, dass es keine getrennten Kantinen – z.B. sogenannte Offizierskasinos – gibt. Bei Hewlett-Packard sitzen alle in derselben Cafeteria, was den Vorteil besitzt, dass mir z.B. ein Lagerarbeiter gegenüber sitzen und direkt über mögliche Probleme der Inventur berichten kann. Das fördert das gegenseitige Verständnis und damit mittelbar auch die Produktivität. Um diese Offenheit weiter zu unterstützen, ziehe ich mit meinem Schreibtisch alle neun Monate in einen anderen Arbeitsbereich. Natürlich hat das teilweise dazu geführt, dass Mitarbeiter bemängeln, die stetige Verlagerung resultiere in einer Abschwächung des „Machtzentrums". Ich mache das trotzdem, weil ich von vornherein keine Belle-Etage-Situation entstehen lassen möchte, denn sie ist meines Erachtens nicht teamförderlich. Das Motto lautet daher einfach: „Wo ich bin, ist vorne!". Man kann das als eine Variante des **Management-by-Walking-Around** betrachten. Letzteres wird bei Hewlett-Packard mit großem Erfolg schon seit Jahrzehnten betrieben. Es gilt dabei lediglich zu vermeiden, dass immer der gleiche

Weg durch die Abteilung gewählt wird und dass man bevorzugt mit den positiv eingestellten und besonders gesprächsbereiten Mitarbeitern in Kontakt tritt. Die weniger auffälligen Mitarbeiter, diejenigen die sich teilweise „verstecken", haben oft viel mehr zu sagen und die muss man suchen.

Zu den angesprochenen Maßnahmen zur Erreichung einer gewissen *„open mindedness"* in der Organisation gehört auch, eine Art Campus-Atmosphäre zu erzeugen. Dies versuchen wir z.B. dadurch, dass sich Mitarbeiter so unterschiedlicher Funktionen wie Forschung & Entwicklung, Marketing, Vertrieb und Operations „am Kaffeetopf" treffen können, um miteinander zu sprechen und zu diskutieren. Die Kaffeeecke stellt eine wichtige Wissensquelle für Hewlett-Packard dar. Es ist – zumindest für uns – daher auch nicht überraschend, dass das Prinzip des Tintenstrahldruckers dort erfunden wurde. Natürlich werden nicht immer nur fachliche Themen besprochen, sondern häufig auch Angelegenheiten aus der Privatsphäre des Einzelnen. Aber das ist genau das, was wir damit erreichen wollen: Kommunikation und Kontakte fördern, so dass sich **informelle Kompetenz- und Beziehungsnetzwerke** entwickeln. Denn letztlich sind es diese informellen Strukturen, die Ideen entstehen lassen und fördern.

Ich möchte zum Ende hin auf die Wertvorstellung **„Respekt und Vertrauen gegenüber den Mitarbeitern"** noch etwas näher eingehen. Dieses Begriffspaar wurde sehr früh bei Hewlett-Packard als eigener Unternehmenswert eingeführt. Es kommt Bill Hewlett das Verdienst zu, diese so wichtige Verbindung zwischen Management und Belegschaft früh erkannt und in den Führungsgrundsätzen verankert zu haben. Es gilt: Kontrolle ist sicherlich gut, aber gegenseitiges Vertrauen und Selbstkontrolle sind deutlich besser. Wir vertrauen darauf, dass alle Mitarbeiter gute Arbeit leisten wollen, deswegen kommen sie ins Unternehmen. Wir glauben allerdings auch, dass man das organisationale Umfeld, insbesondere die jeweilige Arbeitsumgebung, in entsprechender Weise gestalten muss, damit wertschöpfende und innovative Leistungen möglich sind. Das setzt, wie bereits an anderer Stelle erwähnt, einen repressionsarmen und in gewissen Grenzen fehlertoleranten Führungsstil voraus. Der Mitarbeiter darf nicht befürchten müssen, sofort bei Fehlverhalten mit Urlaubs- oder Gehaltsreduzierung bestraft zu werden. Die frühe Übertragung von Verantwortung leistet einen weiteren Beitrag zur Steigerung der Eigeninitiative und Kreativität im Unternehmen. Dazu gehört, dass eine Kultur des Vertrauens keine Kontrolle der Arbeitszeit mehr erfordert. Stechuhren sind deshalb Relikte aus den Anfängen des Industriezeitalters. Im übrigen haben wir die Trennung zwischen Arbeitern und Angestellten weitgehend aufgehoben. Bei Hewlett-Packard werden alle Mitarbeiter gleich behandelt und erhalten ein Gehalt. Lediglich aus Sozialversicherungsgründen sind wir teilweise gezwungen, eine Differenzierung auf dem Papier durchzuführen. Auch haben wir die Vorstellung der meisten unserer Führungskräfte korrigiert, dass für Mitarbeiterangelegenheiten ausschließlich die Personalabteilungen zuständig sind. Diese mentale Korrektur war nicht einfach, wir haben es aber schließlich geschafft. Das hat im Nebeneffekt übrigens dazu geführt, dass die Personalabteilungen bei Hewlett-Packard deutlich kleiner geworden sind.

Nun, das war eine Darstellung der Unternehmenswerte, wie sie Hewlett-Packard vertritt und wie sie dort umgesetzt werden. Für uns stellen **humanzent-**

rierte Wertvorstellungen den entscheidenden Schlüssel zur Motivation der Mitarbeiter dar. Und motivierte Mitarbeiter sind eher in der Lage sich selbst zu entfalten und Ideenreichtum und Engagement zu entwickeln. Letzteres ist conditio sine qua non für ein Unternehmen, das erfolgreich in einem Wettbewerb bestehen will, der dem Faktor Wissen das größte Wertschöpfungspotenzial beimisst. Deswegen ist natürlich die Frage sehr interessant, ob sich der Aufwand lohnt.

Wir bei Hewlett-Packard meinen eindeutig ja. Identifikation mit dem Unternehmen (Stolz), Pioniereinstellung und Commitment sind qualitative Wertbeiträge, die heute in Wirtschaft und Gesellschaft gefordert und honoriert werden. Dass diese sich auch in den Finanzkennzahlen widerspiegeln wird aus Abb. 5 deutlich. Wird das Umsatzvolumen logarithmisch dargestellt, ergibt das eine Gerade mit einer Steigung von 19 Prozent über eine Zeitdauer von 40 Jahren. Wie ebenfalls ersichtlich, hat der Gewinn mit dem Umsatzanstieg bis in die letzten Jahre mitgehalten, dann ist es allerdings ein wenig schwieriger geworden.

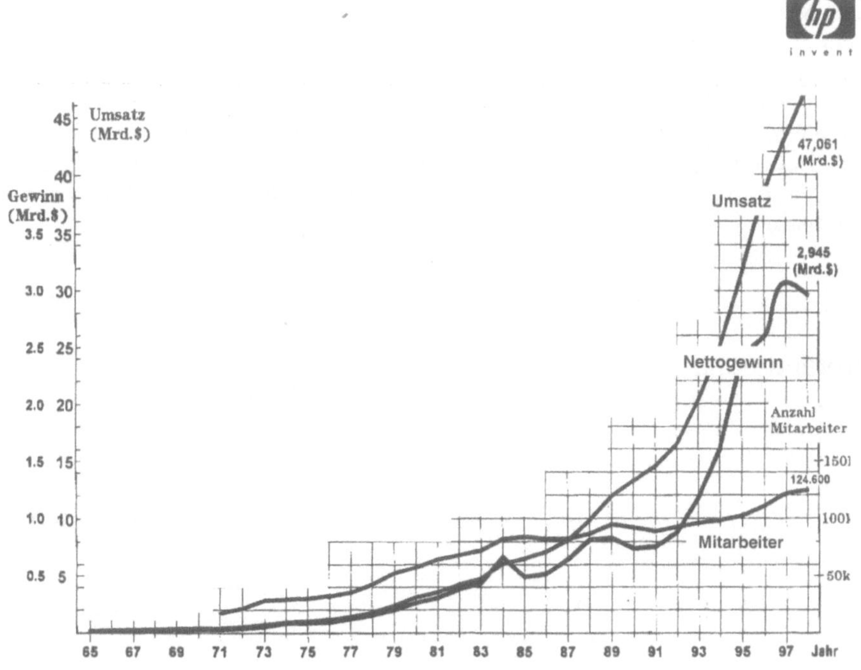

Abb. 5: Wirtschaftliche Entwicklung von Hewlett-Packard (weltweit)

Ich fasse zusammen: um Mitarbeiter zum Engagement zu führen und ihre Kreativität zu wecken, müssen die **Rahmenbedingungen** eines Unternehmens stimmen, andernfalls sind sie in entsprechender Weise zu gestalten, z.B. in der hier dargestellten Form. Eine wertorientierte Ausrichtung der Organisation muss insbesondere glaubhaft durchgeführt werden. Diese wichtige Aufgabe fällt den Führungskräften zu, sie müssen ihre Vorbildfunktion authentisch wahrnehmen. Natürlich lassen sich Veränderungen gezielter vornehmen, wenn Messungen existieren. Hewlett-Packard versucht deswegen das schwierige, weil in seinen zahlreichen Facetten insgesamt schwer messbare Feld „*Mitarbeiterzufriedenheit*" im Rahmen von Befragungen zu erfassen. Diese Umfragen laufen unter der Bezeichnung „open line" und finden in zweijährigem Turnus statt. Dabei werden verschiedene Aspekte untersucht. Der Tenor dieses Beitrags, dass nämlich menschliches Verhalten und der gegenseitige Umgang in der Organisation wesentliche Werttreiber für das Unternehmen darstellen und deswegen bewusst gestaltet werden müssen, kommt auch in einer von mir durchgeführten kleinen Studie zum Thema Technologiemanagement zum Ausdruck. Ich wollte dabei herausfinden, warum sich das Management von Technologie in Unternehmen als so schwierig erweist. Die Untersuchung basiert auf den Eingaben von Managern aus etwa 20 europäischen Unternehmen. Sie ergab unter anderem, dass Mitarbeiter im Entwicklungsbereich stärker isoliert sind von anderen funktionalen Bereichen als etwa Mitarbeiter aus dem Bereich Marketing oder Vertrieb. Ein zweites, für mich nicht eigentlich überraschendes Ergebnis war, dass Verhaltensaspekte in der IT-Branche eine immer wichtigere Rolle spielen. Konkret heißt das, dass bei fast jeder Frage verhaltensbezogene Ursachen als erster Grund für Probleme im Technologiemanagement angegeben wurden. Schon vor einigen Jahren gelangte eine von Hewlett-Packard beauftragte Unternehmensberatung zu einem ähnlichen Resultat. Provokativ ausgedrückt lautet es: „**Rather a compatible than a competent team**".

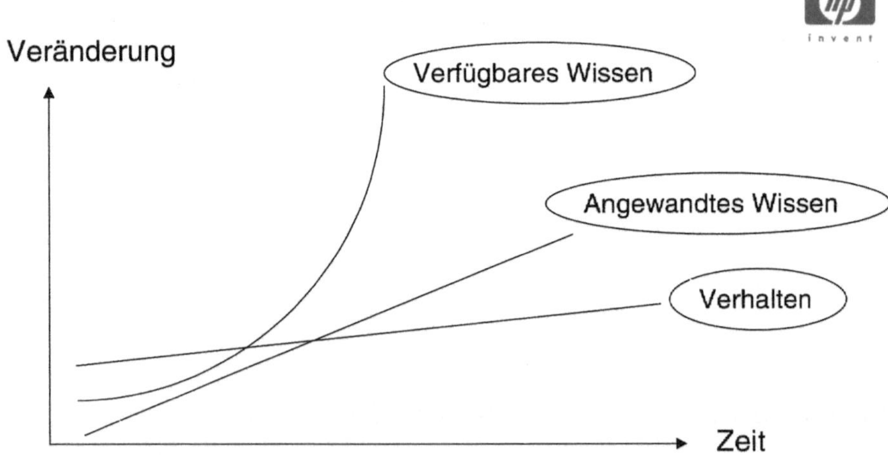

Abb. 6: Die Verhaltenslücke

Last, but not least möchte ich eine Behauptung aufstellen (siehe Abb. 6): Das verfügbare Wissen wächst mit hohen und zunehmenden Wachstumsraten und ist damit Ausdruck der vielzitierten Wissensgesellschaft. Zwar wenden wir dieses Wissen auch mit unseren tradierten Verhaltensformen an, doch entsteht eine immer größere Umsetzungslücke dadurch, dass eben dieses Verhalten nicht mit ähnlich hohen Veränderungsraten einhergeht. Hierin liegt eine große Chance. Und daran sollten wir in den nächsten Jahren engagiert arbeiten. Oder wie es Hewlett schon 1982 ausdrückte: „**We must reinvest in the human side of management!**“

Ein integriertes Konzept für die evolutionär-iterative Produktentwicklung

Dr.-Ing. habil. Joachim Warschat*
Fraunhofer-Institut für Arbeitswirtschaft und Organisation, Stuttgart

* in Zusammenarbeit mit Dipl.-Ing. Frank Wagner, Dipl.-Wirt.-Ing. Norman Roth, Dipl.-Kfm. (techn.) Juan Prieto

1 Einleitung und Motivation

Dieser Beitrag zeigt auf, wie eine innovative Produktentwicklung methodisch und softwaretechnisch mit Konzepten aus dem Bereich des Wissens- und Innovationsmanagements unterstützt werden kann.

Im Engineering-Umfeld werden heute eine Reihe von Informationssystemen, wie beispielsweise Computer Aided Design and Manufacturing (CAD/CAM) *(vgl. Spur/Krause 1997)*, Digital Mockup (DMU) *(vgl. Spur/Krause 1997)*, Virtual Reality (VR) *(vgl. Landauer et al. 1997)* und Engineering/Product Data Management (EDM/PDM) *(vgl. Bullinger et al. 1999)* bereitgestellt, die dem Anwender ein möglichst wirkungsvolles, transparentes und effektives Arbeiten ermöglichen sollen. Der Schwerpunkt der Unterstützung ist jedoch endproduktzentriert und liegt in den späten Phasen des Produktentwicklungsprozesses. So ist die Bereitstellung von kontextsensitivem Wissen in den frühen Entwicklungsphasen nur in Teilfunktionalitäten realisiert, wie beispielsweise Volltextsuche in EDM/PDM-Systemen oder Featuretechnologien im CAD-Umfeld.

Die möglichst effiziente Wiederverwendung und effektive Neukombination von Wissen in den wissensintensiven frühen Entwicklungsphasen erfordert aber einerseits Strukturen zur umfassenden kontextsensitiven Repräsentation von Wissen und andererseits Bewertungsmodelle zur Planung, Steuerung und Kontrolle der Anwendung dieses Wissens. Dieses integrierte Konzept für die Produktentwicklung unterstützt somit eine erhöhte Anzahl von Entwicklungszyklen und ermöglicht verlängerte Zeitspannen für die Entwicklung, die Evaluierung und den Test von Prototypen als wesentliche Gestaltungsmaßnahmen einer innovativen Produktentwicklung.

2 Ausgangssituation

Aktuelle Studien *(vgl. Frech 1996; Eisenhardt/Tabriz 1995)* zeigen, dass unter der Annahme von unsicheren, dynamischen Märkten, innovativen Neuentwicklungen und komplexen Produkten vor allem

- die erhöhte Anzahl von Entwicklungszyklen und damit die erhöhte Anzahl von Entwicklungsvarianten sowie
- die verlängerten Zeiten für die Evaluierung und den Test von Prototypen

den Erfolg der Produktentwicklung maßgeblich beeinflussen (siehe Abb. 1). Problematisch hierbei ist die *operative* Umsetzung einer erhöhten Anzahl von Entwicklungszyklen in den frühen Phasen und verlängerte Zeiten für Evaluierung und Test, da die Notwendigkeit hin zu noch kürzeren Entwicklungszeiten einen dazu zunächst eher gegenläufigen Trend darzustellen scheint. Des Weiteren fordern eher traditionelle Produktentwicklungskonzepte eine Entscheidungsfindung in möglichst frühen Phasen *(vgl. Bullinger/Warschat 1997).*

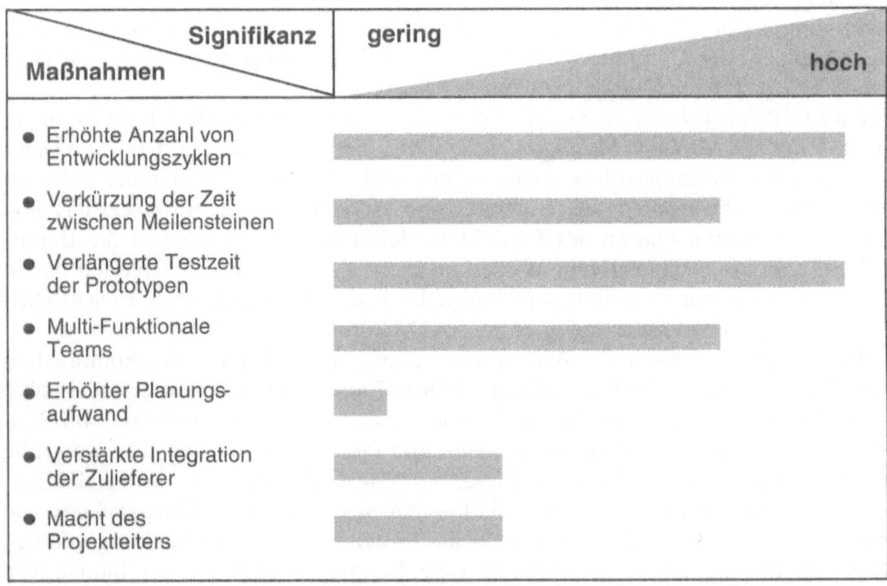

Abb. 1: Die wichtigsten Einflussfaktoren für eine Reduzierung der Produktentwicklungszeit *(vgl. Eisenhardt/Tabrizi 1995)*

Der organisationale, prozessorientierte Rahmen für ein Konzept einer innovativen Produktentwicklung *(vgl. Frielingsdorf et al. 1999; Ward et al. 1995)* zeigt, dass durch die erhöhte Anzahl von Entwicklungskonzepten und deren Test eine bessere Anpassung des Endproduktes an die veränderlichen Kundenanforderungen und ein höherer Innovationsgrad möglich ist, da innovative, zum Teil noch risikobehaftete Technologien und Konzepte frühzeitig erprobt werden und eine entkoppelte Entwicklung von Lösungsräumen in Gang gesetzt wird. Ein weiterer Vorteil dieser Vorgehensweise ist die wesentliche Verbesserung der Robustheit der Produktinnovationen gegenüber den Veränderungen eines dynamischen Marktes. Der eigentliche Zeitgewinn für die kritische Zielgröße „time to market" entsteht durch das bewusste Verlagern der Entwicklungszyklen in die frühen Phasen. Dieser frühe Wissensgewinn in Kombination mit alternativen Konzepten ermöglicht ein effizientes Beschleunigen des gesamten Entwicklungsprozesses. Durch die Anwendung dieser evolutionär-iterativen Vorgehensweise (siehe Abb. 2) lassen sich des Weiteren Produktionspotenziale durch frühzeitiges Validieren von seriennahen Prototypen mit Hilfe von Rapid Tooling optimal ausschöpfen *(vgl. Bullinger/Warschat 1999)*.

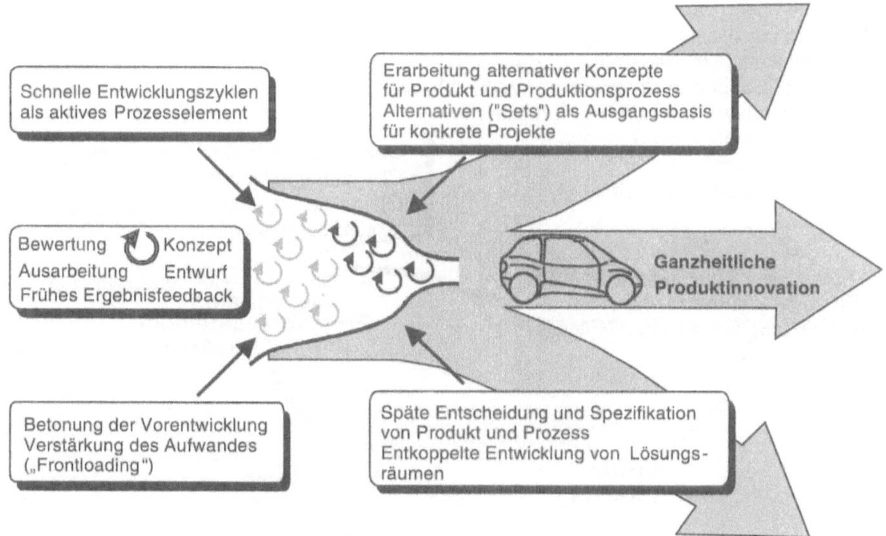

Abb. 2: Methodik der evolutionär-iterativen Produktentwicklung

Vielen bestehenden Konzepten der Produktentwicklung *(vgl. Clark/Fujimoto 1992; Clark/Wheelwright 1993)*, auch der hier beschriebenen „evolutionär-iterativen Produktentwicklung", ist jedoch gemein, dass sehr großes Augenmerk auf die Definition von organisationalen, prozessualen und informationstechnischen Strukturen gelegt wird. Zur Gestaltung nachhaltiger Wettbewerbsfähigkeit wird jedoch zunehmend die Nutzung und Weiterentwicklung des unternehmens- und produktspezifischen Wissens als kritische Ressource im Entwicklungsprozess zum entscheidenden Erfolgsfaktor. Hierbei sind wiederum die wissensintensiven frühen Phasen der Produktentwicklung hervorzuheben, in denen unscharfe Informationen und Erfahrungswissen der jeweiligen Mitarbeiter im Vordergrund stehen.

Die Notwendigkeit, neue, innovative Lösungen und Ideen auf andere Aufgaben übertragen zu können, erfordert die Integration eines systematischen Wissensmanagements in die Entwicklungsprozesse (siehe Abb. 3). Dabei stellt der geplante, strukturierte und möglichst effiziente Umgang mit Wissen gerade in FuE-Bereichen eine besondere Herausforderung dar, da besonders in den wissensintensiven frühen Phasen einer Entwicklung häufig mit wenig strukturiertem und unscharfem Erfahrungswissen gearbeitet werden muss.

In den folgenden Abschnitten wird ein integriertes Konzept vorgestellt, welches auf vorhandene organisationale, prozessuale und informationstechnische Strukturen aufsetzt. Hierzu werden zunächst EDM-Systeme, welche die Integrationsplattform für die Produktentwicklung darstellen, vorgestellt, der Handlungsbedarf für die Integration von Wissensmanagement aufgezeigt und darauf aufbauend ein Lösungsszenario beschrieben.

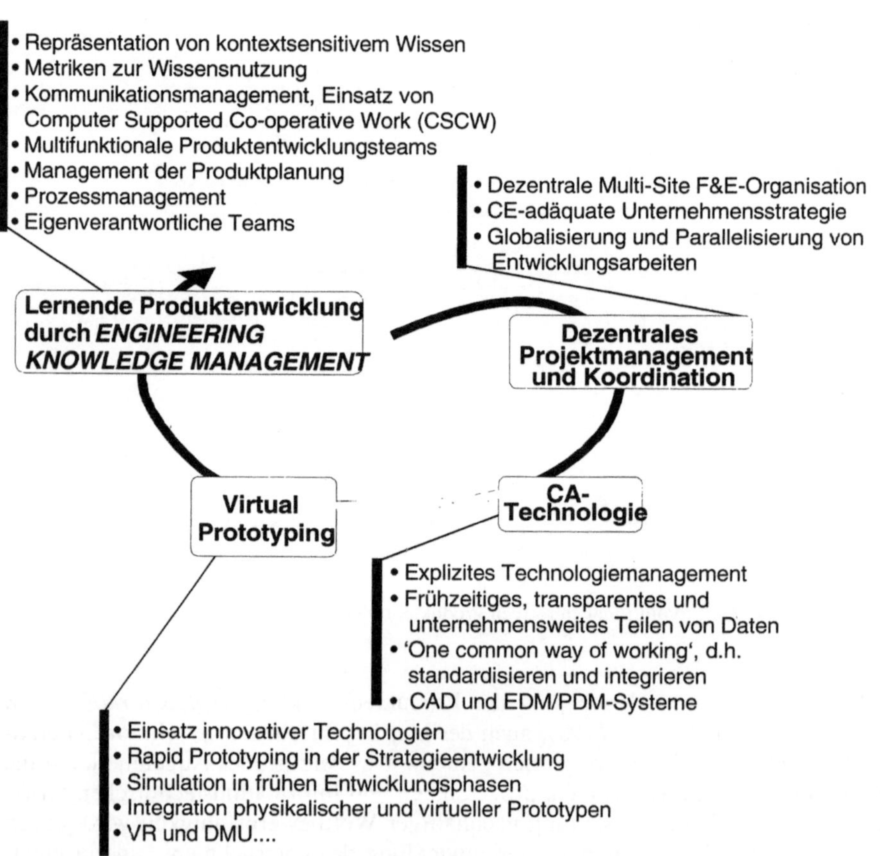

Abb. 3: Integration von Wissensmanagement in die Produktentwicklung

3 EDM/PDM-Systeme: Stand heutiger Implementierungen

Engineering Data Management bezeichnet die ganzheitliche, strukturierte und konsistente Verwaltung aller Daten und Prozesse, die bei der Entwicklung neuer oder bei der Modifikation bestehender Produkte über den gesamten Produktlebenszyklus erzeugt, bearbeitet und weitergeleitet werden *(vgl. Bullinger et al. 1999)*.

Derzeitige EDM/PDM-Implementierungen unterstützen in vielfältiger Hinsicht organisatorische, prozessuale und informationstechnische Aspekte in der Produktentwicklung (vgl. Abb. 4).

EDM/PDM-Systeme besitzen teilweise bereits relevante Funktionalitäten, um mit den Anforderungen eines unternehmensweiten Informationsmanagements das Wissensmanagement im Engineering zu unterstützen (siehe Abb. 5).

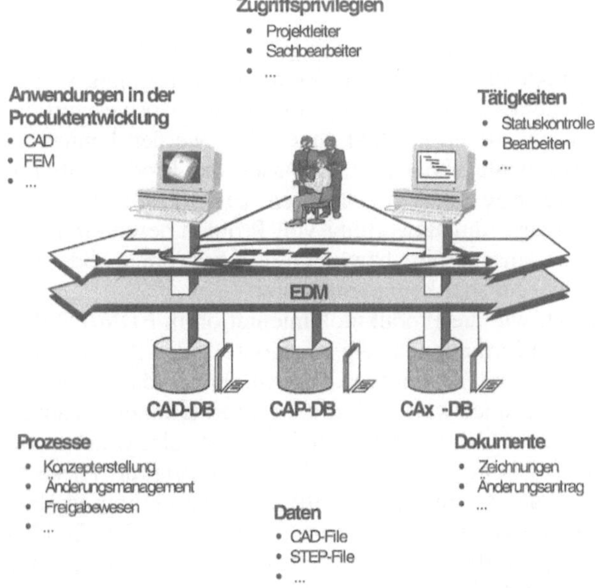

Abb. 4: EDM/PDM-Systeme als Integrationsplattform der Produktentwicklung *(vgl. Frielingsdorf et al. 1999)*

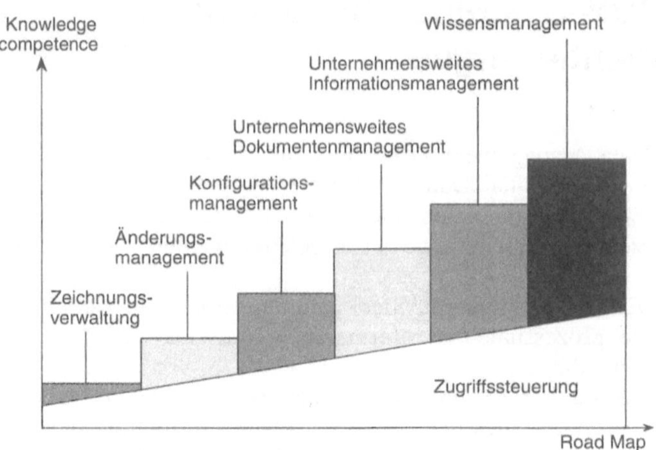

Abb. 5: Vom Datenmanagement zum Wissensmanagement – Ausbaustufen von EDM/PDM-Systemen

In der Praxis findet man heute allerdings vorwiegend EDM/PDM-Implementierungen, die Produktdaten erst ab dem Zeitpunkt vollständig verwalten können, an dem die Produktentwicklung bereits relativ weit fortgeschritten ist und die Informationen dem jeweiligen Produkt zugeordnet werden können *(vgl. CIMdata 1998)*. Für die wissensintensiven frühen Phasen der Produktentwicklung gibt es bislang vergleichsweise wenig Möglichkeiten, EDM/PDM-Systeme zielorientiert einzusetzen. Die Ablage und Bewertung von Problembeschreibungen, Lösungen, Ideen und allgemein „unscharfen" bzw. nicht direkt produkt- oder prozessbezogenen Informationen wird bisher kaum unterstützt.

Abbildung 6 zeigt, wie die Produktdokumentation in EDM/PDM-Systemen gehandhabt wird. Die Informationen, die im Kontext der Konzeptentwicklung anfallen, führen zu einer ersten Anforderungsstruktur für das zu entwickelnde Produkt. Dies können beispielsweise Marketinginformationen, Kundenerfahrungen oder Problembeschreibungen aus dem Kundendienst sein. Unter Berücksichtigung der Rahmenbedingungen ergibt sich eine Funktionsstruktur. Diese beschreibt die Gesamtfunktion, aus der die einzelnen Teilfunktionsstrukturen in einer Top-down-Vorgehensweise abgeleitet werden müssen. Insbesondere das Finden dieser Funktionsstrukturen erfolgt in der Regel durch den Entwickler auf der Basis persönlicher Erfahrungen. Die DV-technischen Hilfsmittel für diese Phase sind derzeit noch unausgereift. Verwendung finden Instrumente wie Checklisten, Lösungsdatenbanken, Funktionskataloge oder Symbolkataloge für bestimmte Anwendungsbereiche, wie z.B. Anlagentechnik, Regelungstechnik oder Elektrotechnik. Jedoch wird hierbei die Dokumentation der Grobentwürfe immer dem jeweiligen Projekt direkt zugeordnet *(vgl. VDI-Richtlinie 2222 1997)*.

Abbildung 7 zeigt einen Ausschnitt der wichtigsten zu integrierenden Applikationen und Formate, wie z.B. Office Dokumente und Konstruktionsunterlagen im Konstruktionsumfeld.

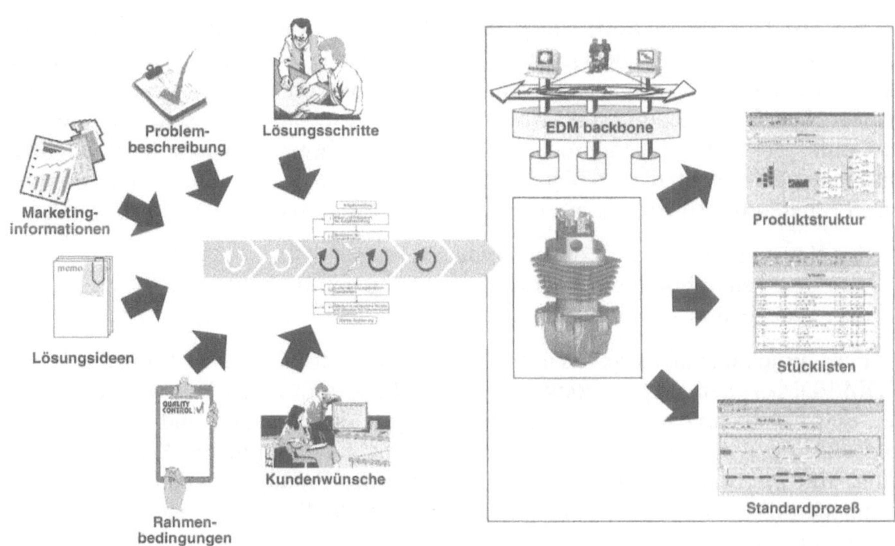

Abb. 6: Produktdokumentation in EDM/PDM-Systemen *(vgl. Frielingsdorf et al. 1999)*

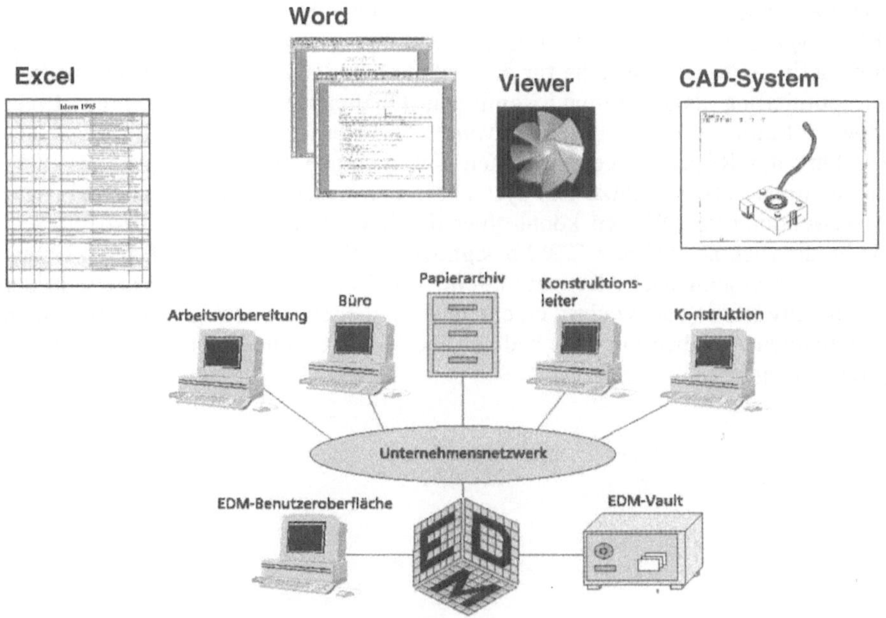

Abb. 7: Dokumente und Informationssysteme in der Produktentwicklung

Mit erhöhter Produktreife steigt auch die Menge der Produktdokumentation. Dabei ist insbesondere die Gestaltung der einzelnen Lösungsbestandteile durch den Einsatz von CAD-Systemen sehr gut dokumentiert und DV-technisch handhabbar. Das fertige Endprodukt ist somit zwar sehr detailliert beschrieben, jedoch aus einer weitgehend „endproduktzentrierten" Sichtweise. Diese berücksichtigt normalerweise nicht die weniger strukturierten bzw. nicht direkt dem Produkt zugeordneten Informationen aus den sehr wissensintensiven frühen Phasen, d.h.

- den Kontext, in dem die Lösung gefunden wurde,
- die einzelnen Schritte, die zur Lösungsfindung geführt haben sowie
- die gegebenenfalls ebenfalls untersuchten alternativen Lösungskonzepte.

Für projektunabhängige Wiederverwendung der Informationsinhalte eines EDM/PDM-Systems ist es notwendig, diese Inhalte in einen Kontext zu stellen, der ihre Entstehung sowie die Randbedingungen dokumentiert und damit Aussagen über die Verwendbarkeit der Inhalte macht. Dies ist für die Wiederverwendung von Informationen in den frühen Phasen der Produktentwicklung entscheidend, denn bei der Erarbeitung alternativer Produktkonzepte wird vorwiegend Erfahrungswissen und insbesondere kontextsensitives Wissen, das einen höheren Erklärungsgrad aufweist, benötigt.

Die Wiederverwendung von Wissen muss darüber hinaus anhand objektiv bewertbarer Kriterien gemessen und gesteuert werden können. In diesem Zusammenhang existiert eine Analogie zum Qualitätsmanagement: Erst durch systematische Bewertungsmodelle, wie z.B. Reifegradmodelle *(vgl. Paulk et al. 1995)*, EFQM *(vgl. Bading/Frech 1997)* oder ISO 9000 *(vgl. Pfeifer 1996)* konnten Standards definiert werden, welche für die Unternehmen eine fundierte Basis zur Prozessoptimierung darstellen und somit zur Qualitätsverbesserung führen. Einer aktuellen Studie zufolge *(vgl. Dvir/Evans 1998)* werden die Kosten für die „Neuerfindung des Rades" in den befragten Unternehmen auf 10-20% des gesamten Entwicklungsetats geschätzt. Ein systematischer Ansatz zur Bewertung der Wiederverwendung von Wissen könnte hier deutliche Verbesserungen herbeiführen. Die Studie *(vgl. Dvir/Evans 1998)* belegt, dass mehr als 80% der befragten Unternehmen die systematische Bewertung und Wiederverwendung von Wissen in der Produktentwicklung als wichtig erachten, wohingegen die befragten Unternehmen nach eigenen Angaben nur sehr bedingt über entsprechende Methoden und Tools hierzu verfügen.

4 Neue Ansätze für EDM/PDM: Die „Knowledge Infrastructure“ und die „Metrics Infrastructure“

Abbildung 8 zeigt eine Übersicht eines erweiterten EDM-Szenarios, welches die endproduktzentrierte Sichtweise um eine kontextsensitive Betrachtung von Wissensobjekten („Knowledge Infrastructure“), wie z.B. Lösungsvorschläge und Ideen, erweitert. Die Bewertung der Anwendung dieser Wissensobjekte wird durch die Einführung von Bewertungsmetriken („Metrics Infrastructure“) gewährleistet. Die Kombination der endproduktzentrierten Sicht, der Knowledge Infrastructure und der Metrics Infrastructure in ein integriertes Konzept ist ein nachhaltiger Erfolgsfaktor für eine innovative Produktentwicklung.

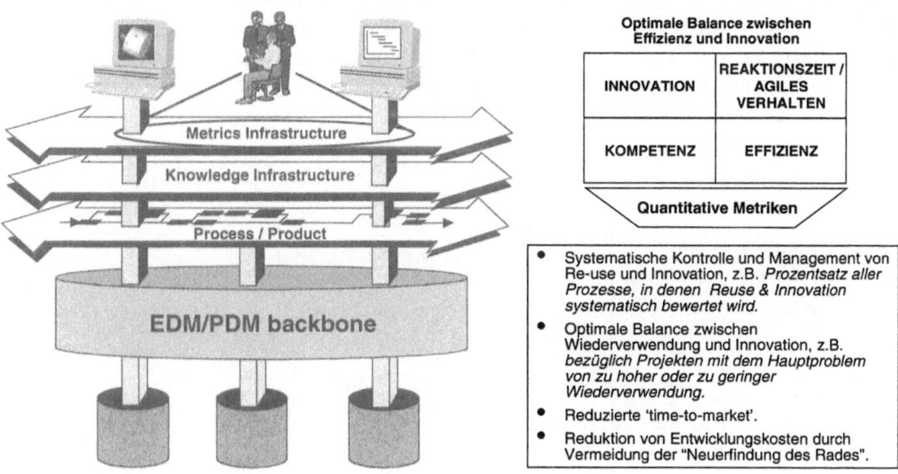

Abb. 8: Integriertes Konzept für die innovative Produktentwicklung

4.1 Knowledge Infrastructure

Mit Hilfe der „Knowledge Infrastructure“ *(vgl. Prenninger et al. 1999)* als Erweiterung zu bestehenden EDM/PDM-Implementierungen ist es möglich, neben der eigentlichen Dokumentation des Produkts und seines Entwicklungsprozesses auch eine gewisse „Kontextsensitivität“ abzubilden. Die Ergebnisse der einzelnen Stadien der Produktentwicklung sollen dokumentieren und projektunabhängig als „Ideenlieferant“ für die Konzeptphase anderer Entwicklungsprojekte zur Verfügung stehen. Dafür ist es notwendig, diese Teilergebnisse im Kontext ihrer jeweiligen Anforderungsstruktur und ihrer Rahmenbedingungen zu klassifizieren und zu verwalten. Die „Knowledge Infrastructure“ unterstützt ebenfalls die konsistente, redundanzfreie und transparente Bereitstellung von direkt produktspezifischen Informationen, wie beispielsweise Lieferanten- oder Wettbewerbsinformationen.

Die „Knowledge Infrastructure“ ermöglicht es, zu einem späteren Zeitpunkt oder in einem anderen Entwicklungsprojekt auf die Ergebnisse dieser Voruntersuchungen zuzugreifen und somit auch die nicht im Produkt realisierten Konzepte wiederzufinden. Diese Konzeptbeschreibungen können dann – z.B. unter anderen Zielsetzungen und Rahmenbedingungen – weiter verwendet werden. Daher gilt es, Mechanismen zu entwickeln, die verschiedene, unternehmensspezifische Dokumentationsweisen berücksichtigen und integrieren. Viele Unternehmen nutzen hierzu individuelle Ausprägungen verschiedener Methoden zur Beschreibung dieser Konzeptlösungen.

Ein weiteres wichtiges Element ist die Definition und Abbildung aller Relationen, die zwischen den einzelnen Wissensobjekten existieren. Auf diese Weise ist es möglich, relevante Informationen aus anderen Entwicklungsprojekten schnell zu finden, ohne das entsprechende Projekt selbst zu kennen. Abbildung 9 zeigt beispielhaft, wie der Aufbau solch komplexer Relationsstrukturen im Vergleich zu eher einfachen, produktzentrierten Sichtweisen innerhalb von EDM/PDM-Systemen aussehen kann.

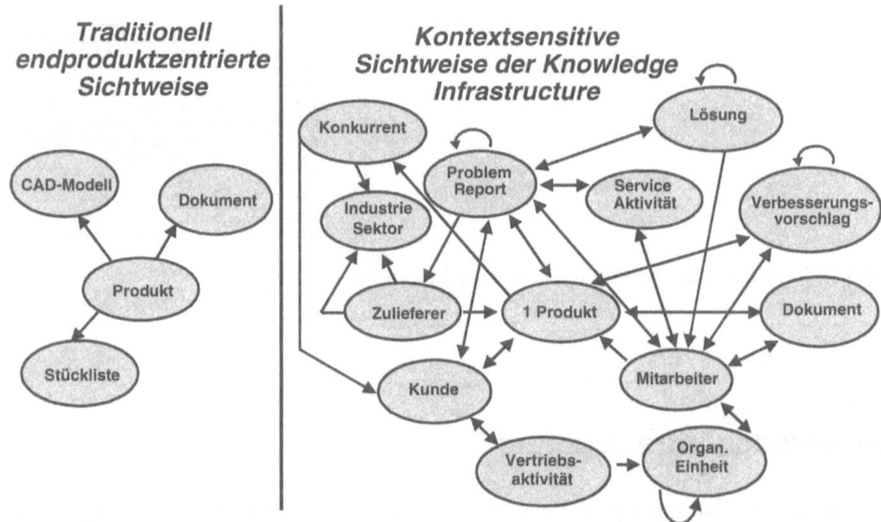

Abb. 9: Relationen zwischen Wissensobjekten in der „Knowledge Infrastructure“ *(vgl. Prenninger et al. 1999)*

Diese Relationsstrukturen erlauben über Objektklassifikation Relationen zwischen beliebigen Objekten aufzubauen. Damit ist es beispielsweise möglich, durch Nutzung der definierten Relationen alle „Problembeschreibungen" nach bestimmten Schlagworten zu kategorisieren, unabhängig davon, welchem Projekt oder Produkt sie zugeordnet sind. Die mit den jeweiligen Dokumenten wiederum in Relation stehenden Produktbeschreibungen (Lastenheft, Stücklisten, CAD-Modelle) bieten dann schnell die Möglichkeit, die Lösung daraufhin zu untersuchen, ob eine Analogie zum aktuellen Problem besteht *(vgl. Prenninger et al. 1999)*.

4.2 Metrics Infrastructure

Klar ist, dass gerade in den frühen Phasen der Produktentwicklung niemals eine vollständige Bewertbarkeit von Informationen bzw. Wissen hinsichtlich ihrer Wiederverwendbarkeit möglich sein wird – zu sehr hängen Entscheidungen von subjektiven Empfindungen und nicht messbaren Einflüssen ab. Dennoch ist die Entwicklung einer quantitativen Bewertungsdimension als Bestandteil eines integrierten Konzeptes notwendig, um die Nutzung der definierten Wissensobjekte zu messen und aus den Ergebnissen und einer darauf aufbauenden Ursachenanalyse eindeutige Maßnahmen, deren Wirkebenen und -zusammenhänge vorhersehbar sind, einzuleiten.

Die Bewertung der Wiederverwendung von Wissen kann in zwei Klassen von Metriken kategorisiert werden (siehe Abb. 10):

1. **Prozess- und Infrastrukturmetriken:**
   Mit diesen Metriken werden die Unternehmensprozesse und -infrastrukturen im Hinblick auf eine möglichst effiziente und strukturierte Wiederverwendung von Informationen bewertet. Als Bewertungsskala könnten hierbei Reifegradstufen fungieren, wie sie im Bereich des Qualitätsmanagements für die Bewertung von Softwareprozessen schon länger verwendet *werden (vgl. Paulk et al. 1995)*. Eine Bewertungsgröße könnte beispielsweise die Anzahl wiederverwendbarer Softwaremodule sein.
2. **Allgemeine Metriken:**
   Mit diesen Metriken wird bewertet, welche Auswirkungen Verbesserungen bzw. Prozessoptimierungen im Wissensmanagementumfeld auf die Basisgrößen Qualität, Kosten und Zeit haben. Eine typische Messgröße können hier beispielsweise die angefallenen Kosten für Doppelarbeiten im Entwicklungsprozess sein.

Das Ziel ist es somit, die Anwendung der in der „Knowledge Infrastructure" definierten Wissensobjekte anhand dieser Metriken zu bewerten und dadurch konkrete Verbesserungspotenziale aufzuzeigen und entsprechende Handlungsoptionen abzuleiten. Die systematische Bewertung der Wiederverwendung von Wissen ist somit eine Grundvoraussetzung für die möglichst optimale Balance zwischen effizienter Wiederverwendung und Innovation.

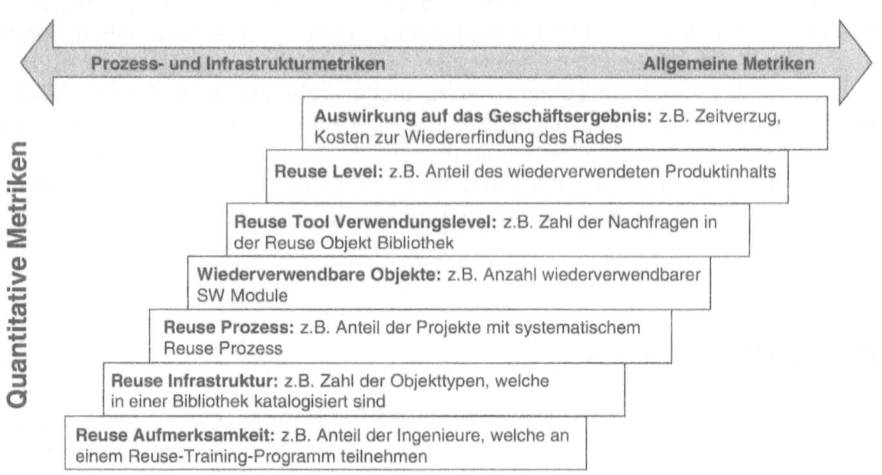

Abb. 10: Überblick über typische Bewertungsmetriken für die Produktentwicklung *(vgl. Dvir/Evans 1998)*

5 Die Softwarerealisierung

Es gibt prinzipiell drei Möglichkeiten, den beschriebenen Funktionsumfang der Knowledge und Metrics Infrastructure des integrierten Konzeptes softwaretechnisch zu realisieren:

(a) Neuentwicklung einer eigenständigen Applikation basierend auf einer objektorientierten Datenbanktechnologie zur Repräsentation eines semantischen Netzwerkes von Wissensobjekten und deren Relationen *(vgl. Bullinger/ Warschat 1999)*,
(b) Erweiterung der derzeitigen EDM/PDM-Funktionsumfänge,
(c) Entwicklung einer Knowledge Management Software auf Basis einer Groupware-Lösung zur Repräsentation der Knowledge Infrastructure und deren Kopplung mit einem EDM/PDM-System *(vgl. Prenninger et al. 1999)*.

Im vorliegenden Anwendungsfall wurde eine Knowledge Management Software entwickelt, die in eine bestehende EDM/PDM-Lösung integriert werden kann. Über ein Web-Frontend wird ein einheitlicher Zugriff für alle Anwender realisiert. Damit wird die Forderung erfüllt, die Systemlandschaft der Engineering-Bereiche nicht zu unübersichtlich zu gestalten und die Bedienung möglichst zu vereinfachen.

Die Implementierung der Knowledge und Metrics Infrastructure auf Basis der Knowledge Management Software besteht aus:

- Klassifikationsschemata für die Wissensobjekte im Entwicklungsprozess,
- Relationen, welche die Abhängigkeiten der Wissensobjekte beschreiben, und
- definierten Abläufen für die Informationseinstellung, Klassifizierung sowie den implementierten Suchvorgängen.

Für die Realisierung der zusätzlichen Funktionsumfänge der Knowledge und Metrics Infrastructure ergibt sich ein schematischer Aufbau wie er in Abbildung 11 dargestellt ist. Dabei wird über Applikationsmodule der Zugriff auf Dokumente gesteuert, Groupware-Mechanismen steuern über vordefinierte Abläufe den Workflow. Mit Ausnahme von Administrationstätigkeiten wird der Zugriff über Web-Browser geregelt.

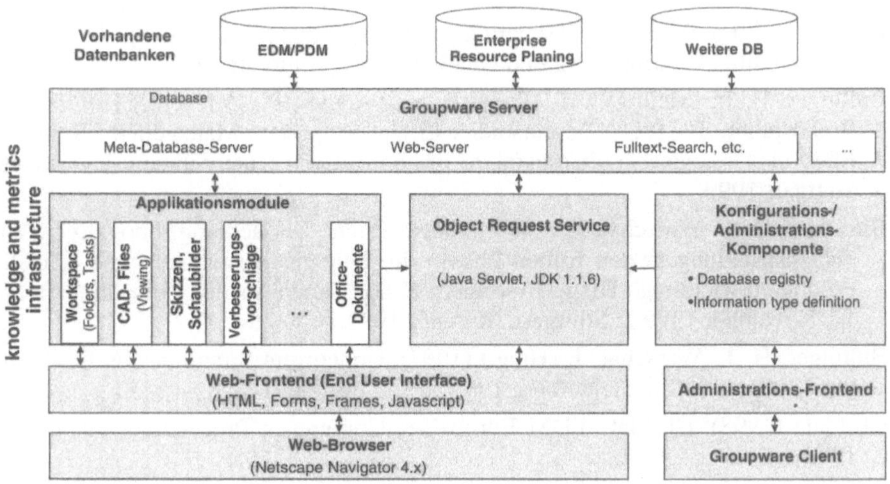

Abb. 11: Schematischer Aufbau unter Verwendung eines Groupware-Systems *(vgl. Prenninger et al. 1999)*

6 Zusammenfassung

Um die Innovationsfähigkeit von Unternehmen zu verbessern, ist es notwendig, Produkt-Konzepte unabhängig von deren Realisierungsgrad zu archivieren und künftigen Entwicklungsprozessen dieses Wissen zur Verfügung zu stellen. Existierende EDM/PDM-Implementierungen bieten aber derzeit noch wenig Möglichkeiten, die frühen Phasen der Produktentwicklung methodisch zu unterstützen. Konzeptionelle Entwürfe werden – wenn überhaupt – nur im Zusammenhang mit dem Produkt archiviert, für das sie erstellt wurden. Deshalb ist eine Erweiterung der üblicherweise endproduktzentrierten Sichtweise um eine kontextorientierte Sichtweise notwendig, um Lösungskonzepte im Zusammenhang mit ihren jeweiligen Anforderungen, Rahmenbedingungen und Zielsetzungen übertragen zu können. Dabei steht nicht nur die DV-technische Unterstützung der wissensintensiven, frühen Entwicklungsphasen im Mittelpunkt der Betrachtung, vielmehr muss für die Wiederverwendung und Neukombination von Wissen in diesen Prozessphasen ein methodischer Gestaltungsrahmen erarbeitet werden.

7 Literatur

Bading, A.; Frech, J. (1997), Umfassendes Qualitätsmanagement, Dienstleistungsqualität, Zertifizierung und Qualitätspreise, Stuttgart 1997

Bullinger, H.-J.; Frielingsdorf, H.; Roth, N.; Wagner, F.; Zeichen, G.; Fürst, K.; Brandstätter, T. (1999), Marktstudie: Engineering Data Management Systeme: EDM als strategischer Erfolgsfaktor im innovativen Unternehmen, 2. Auflage, Stuttgart 1999

Bullinger, H.-J.; Warschat, J. (1999), Ganzheitliche Betrachtung innovativer Produktentwicklung in den frühen Phasen, in: Wissensmanagement und schnelle Produktentwicklung, Hrsg. Bullinger, H.-J., Tagungsband, Forschungsforum 12. November 1999 in Stuttgart, Stuttgart 1999, S. 5–26

Bullinger, H.-J.; Warschat, J. (Hrsg.) (1997), Concurrent Simultaneous Engineering Systems, Berlin, Heidelberg 1997

CIMdata (1998), CIMdata PDM Europa'98, Conference Proceedings, Barcelona 1998

Clark, K. B.; Wheelwright, S. C. (1993), Managing New Product and Process Development, New York 1993

Clark, K. B.; Fujimoto, T. (1992), Automobilentwicklung mit System: Strategie, Organisation und Management in Europa; Japan und USA, Frankfurt/Main, New York 1992

Dvir, R.; Evans S. (1998), Mapping Knowledge Reuse in R&D Processes – The Implementation of Quality Tools; in: Tel Aviv Quality Conference, Proceedings, Tel Aviv 1998

Eisenhardt, K. M.; Tabrizi, B. N. (1995), Accelerating Adaptive Processes: Product Innovation in the Global Computer Industry, in: Administrative Science Quarterly, No. 40, 1995, p. 84–110

Frech, J. (1996), Effektivität und Effizienz von Methoden und Verfahren des Innovationsmanagements im Forschungs- und Entwicklungsbereich, Dissertation, Stuttgart 1996

Frielingsdorf, H.; Roth, N.; Wagner, F.; Frech J. (1999), Erweiterung der EDM/PDM-Funktionalität zur Unterstützung der frühen Phasen der Produktentwicklung, in: VDI Berichte 1497 „Beschleunigung der Produktentwicklung durch EDM/PDM- und Feature-Technologie", München 1999

Landauer, J.; Blach, R.; Bues, M.; Roesch, A.; Simon, A. (1997), Toward Next Generation Virtual Reality Systems, in: IEEE International Conference on Multimedia Computing and Systems, Proceedings, Ottawa 1997

Paulk, M. C.; Weber, C.; Curtis, B (1995), The Capability Maturity Model: Guidelines for Improving the Software Process (Series in Software Engineering), Addison Wesley Pub. Co. 1995

Pfeifer, T. (1996), Qualitätsmanagement: Strategien, Methoden und Techniken, 2. Auflage, München, Wien 1996

Prenninger, J.; Polterauer, A.; Prieto, J.; Röhrborn, D.; (1999), MaKe-IT SME: Managing of Knowledge using Integrated Tools, in: 5th International Conference on Concurrent Enterprising, Proceedings, Le Hague 1999

Spur, G.; Krause, F.-L. (1997), Das virtuelle Produkt: Management der CAD-Technik, München, Wien 1997

VDI-Richtlinie 2222 Konstruktionsmethodik (1997), Methodisches Entwickeln von Lösungsprinzipien, Berlin 1997

Ward A.; Liker, J. K.; Christiano, J. J.; Sobek, D. K. (1995),: The Second Toyota Paradox: How Delaying Decisions Can Make Better Cars Faster, in: Sloan Management Review, Spring 1995, p. 43–61

Schließung der kritischen Lücke zwischen Managementtheorie und Technologierealität

Ein neues Eigen- und Fremdverständnis von Forschung und Technologie-Entwicklung

Prof. Dr. Dr. sc. techn. Hugo Tschirky
Lehrstuhl für Technology and Innovation Management, ETH Zürich

1 Aktuelle Unternehmensprobleme

Am 31. Juli 1998 gab der Siemens-Konzern die Stillegung seines 16-Megabit-Chip-Werks im britischen North Tyneside bekannt. Die Schließung betraf 1100 Beschäftigte und wurde mit dem Preisverfall auf dem Chip-Markt begründet. Sie belastete die Jahresrechnung 1998 vermutlich mit rund 1 Mrd. DM. Siemens hatte das Werk im Mai 1997 eröffnet *(vgl. Neue Zürcher Zeitung vom 1.9.98). – Mit welchen Führungsinstrumenten können die Risiken derartiger Investitionen gemindert werden?*

Das Europäische Laboratorium für Teilchenphysik CERN ist gegenwärtig zu einer budgetbedingten Reduktion seines Finanzetats gezwungen *(vgl. Neue Zürcher Zeitung vom 5.7.98)*. Während 1980 noch 3800 MitarbeiterInnen beschäftigt waren, sind es heute 2800, und im Jahre 2005 werden es 2000 sein. Um trotz dieser Restrukturierung den hohen Bedarf an anspruchvollen Technologien sicherstellen zu können, ist im Rahmen der Initiative „Call for Technology" die Industrie zur Entwicklungszusammenarbeit aufgerufen. Bereits nutzen zahlreiche Firmen unterschiedlicher Größe diese Chance. Ein typisches Beispiel ist die KMU-Firma Lemo SA in Ecublens, welche auf Elektronikstecker spezialisiert ist. Schon seit längerer Zeit entwickelte die Lemo SA für das CERN einen miniaturisierten Stecker für Koaxialkabel. Aus dieser Entwicklung ist inzwischen ein Weltstandard entstanden. – *Welches sind sowohl für das CERN als auch die Lemo SA ausschlaggebende Entscheidungsfaktoren solcher sog. Make-or-Buy- bzw. Keep-or-Sell-Entscheidungen? Welche Strukturen und Prozesse sind für einen erfolgreichen Technologietransfer entscheidend?*

Die Firma Deloitte Touche Tohmatsu International befragte 1997 1000 führende Unternehmen Europas nach den aus der Sicht des Top-Managements wichtigsten Entscheidungsfaktoren an der Schwelle ins nächste Jahrhundert. Die Untersuchung ergab, dass der Betroffenheit durch den technologischen Wandel die größte Bedeutung zugemessen wird *(vgl. Deloitte Touche Tohmatsu International, Opi-*

nion Research Business 1997). – Welche fachlichen und personellen Voraussetzungen müssen bestehen, um in den obersten Führungsgremien (Verwaltungsrat, Geschäftsleitung) weitreichende Technologieentscheidungen aus erster Hand fällen zu können?

2 Welche Lösungen bieten heutige Managementtheorien?

Die aufgeworfenen Fragen spiegeln typische Herausforderungen als Facetten der zunehmend vorzufindenden Unternehmensrealität wider. Sie richten sich an die gegenwärtig verfügbaren Lehren der Unternehmensführung unter dem Gesichtspunkt, deren Beschreibungs- und Erklärungspotenzial zur Fragenbeantwortung zu beurteilen. Dazu wird beispielhaft auf die Grundzüge der Betriebswirtschaftslehre, der Betriebswissenschaft, der Managementwissenschaft („Management Science") und der Unternehmenstheorie („Theory of the Firm") eingegangen.

Die Ursprünge der heutigen **Betriebswirtschaftslehre** (BWL) werden mit der Gründung der ersten Handelshochschulen in Leipzig, Aachen, Wien und St. Gallen während der Jahre 1898/99 in Verbindung gebracht. Erste bedeutende betriebswirtschaftliche Publikationen aus dieser Zeit tragen die Überschriften „System der Welthandelslehre", „Allgemeine Handelsbetriebslehre", „Die Privatwirtschaftslehre als Kunstlehre" und „Allgemeine kaufmännische Betriebslehre als Privatwirtschaftslehre des Handels und der Industrie" *(nach Wöhe 1996, S. 68).*

Auch heute ist die primär ökonomische Grundausrichtung der BWL noch immer unverkennbar. Dies lässt sich z.B. anhand des Werks von *Ulrich (1970)* illustrieren, in welchem der BWL in erster Linie jene Aufgaben zugeordnet werden, welche die Grundlage für die Ausbildung „höherer Kaufleute" darstellen *(Ulrich 1970, S. 37).* Auch werden unter den *Aufgaben der BWL ausdrücklich jene in den Bereichen von Forschung, Entwicklung und Produktion ausgeschlossen, welche technisch-naturwissenschaftliche Kenntnisse erfordern (Ulrich 1970, S. 37).*

- Bei *Busse von Colbe/Lassmann (1991, S. 10)* wird die „Theorie der Unternehmung" auf die Betriebswirtschaftstheorie zurückgeführt. Trotz der hervorgehobenen Aussage, eine Unternehmenstheorie hätte das *tatsächliche Verhalten* von Unternehmen *zu erklären und prognostizierbar zu machen (Busse von Colbe/ Lassmann 1991, S. 10)*, ist die technologische Betroffenheit von Unternehmen in der inhaltlichen Struktur und der ihr folgenden Ausgestaltung ausgeklammert.[1]

[1] Über Forschung und Entwicklung finden sich im Kapitel über die Kostentheorie unter „Aktionsvariablen außerhalb des Produktionsbereichs" einige formale Hinweise. Sie äußern sich zur Möglichkeit, durch Forschungs- und Entwicklungsanstrengungen die Qualität der Einsatzfaktoren, Produktionsverfahren und Produkte zu ändern, zur Notwendigkeit der periodengerechten Abgrenzung der Ausgaben und zur Tatsache, dass durch F&E-Ergebnisse ein erheblicher Teil der Produktionskosten vorbestimmt wird (*Busse von Colbe u. Lassmann* 1991, S. 218).

- Das BWL-Konzept von Rühli (1996) postuliert das ökonomische und das sozialwissenschaftliche Basiskonzept als zwei Grundorientierungen, welche heutiges betriebswirtschaftliches Denken kennzeichnen (Rühli 1996, S. 19). Diese Festlegung bedeutet gleichzeitig, dass die technologischen, ökologischen und soziologischen Gegebenheiten als primäre Einflussbereiche der Unternehmung in den Hintergrund treten. Trotzdem erachtet Rühli die Voraussetzungen als erfüllt, um „... Unternehmungsführung und Unternehmungspolitik vollumfänglich als Teilgebiete der Betriebswirtschaftslehre ...“ zu verstehen (Rühli 1996, S. 24).
- Im umfangreichen Werk „Einführung in die Allgemeine Betriebswirtschaftslehre“ von Wöhe (1996) wird eingangs die Auffassung vertreten, dass die Aufgabe der betriebswirtschaftlichen Theorie „... die Erklärung realer Zusammenhänge und Geschehnisabläufe (Ursache-Wirkungsbeziehungen) und die Feststellung kausaler Regelmäßigkeiten und Gesetzmäßigkeiten“ ist (Wöhe 1996, S. 19). Trotz dieser Betonung auf „reale Zusammenhänge“ wird die Problematik des technologischen Wandels im Abschnitt „Die absatzpolitischen Instrumente“ mit zwei Sätzen[2] über die Aufgabe von Forschung und Entwicklung abgehandelt (Wöhe 1996, S. 638 u. S. 643).
- Bei Eisenführ (1998) schließlich werden als Forschungsobjekt der BWL „... die wirtschaftlich relevanten Vorgänge in Betrieben sowie zwischen Betrieben und ihrer Umwelt“ festgelegt (Eisenführ 1998, S. 1). Der Begriff „Betrieb“ steht synonym zu „Unternehmen“, verstanden als „... ein Ort, an dem sich viele treffen, um Geld zu verdienen“ (Eisenführ 1998, S. 3). Obschon „wirtschaftlich relevante Vorgänge“ bei Eisenführ im Vordergrund stehen, wird der Betroffenheit von Unternehmen durch den technologischen Wandel weder im Umweltbild des Unternehmens noch aus unternehmensinterner Sicht Rechnung getragen.

Die **Betriebswissenschaft (BW)** ist wesentlich weniger ausführlich dokumentiert als die Betriebswirtschaftslehre. Ihre Anfänge werden als erster Ursprung mit dem von *Taylor (1903, 1911)* begründeten Scientific Management in Verbindung gebracht *(vgl. z.B. Zeidler 1948, S. 323; Gisi 1950, S. 369; Walther 1947, S. 65)*. Dem Scientific Management liegt die Absicht zugrunde, durch die Herbeiführung des geringsten Aufwandes an menschlicher Arbeitskraft, Rohstoffen und Kosten für Kapital, Maschinen und Gebäude, in den Betrieben eine „größtmögliche Prosperität“ zu erreichen. Diese ist nach *Taylor* „... das Resultat einer möglichst ökonomischen Ausnutzung des Arbeiters und der Maschinen, d.h. Arbeiter und Maschinen müssen ihre höchste Ergiebigkeit, ihren höchsten Nutzeffekt erreicht haben“ *(Taylor 1919, S. 10)*. Zur Erreichung dieses Ziels stehen eine *extreme Arbeitsteilung* der Meister und Arbeitenden und die Durchführung von systematischen und umfassenden Leistungsstudien an erster Stelle *(Seubert 1914, S. 6 u. S. 10)*.

---

[2] *Wöhe* (1996, S. 638): Erster Satz: „Jeder Anbieter muss versuchen, durch Höchstleistungen im Rahmen der innerbetrieblichen Forschung und Entwicklung auf der Höhe des technischen Fortschritts zu bleiben.“ *Wöhe* (1996, S. 643): Zweiter Satz: „Produktentwicklung im technischen Sinne: Prototyp, Geschmacksmuster“.

Als zweiter Ursprung gelten die Erkenntnisse von *Fayol (1916; Daenzer 1955, S. 373)*, der ebenfalls die Absicht verfolgt, wissenschaftliches Vorgehen in die Betriebsführung einzubringen. Jedoch im Gegensatz zu *Taylor* untersuchte *Fayol* in erster Linie die leitende und organisierende Arbeit im *Betrieb (Lattmann 1942, S. 87)*. Auf die Arbeiten von *Taylor* und *Fayol* Bezug nehmend, beschreibt *Daenzer (1955, S. 373)* die beiden wesentlichen Arbeitsgebiete der Betriebswissenschaft als *Arbeitsgestaltung* und *organisatorische Betriebsgestaltung.*

Abgrenzung und Inhalt der Betriebswissenschaft haben seit den 50er Jahren eine sukzessive Ausweitung erfahren. Einen Hinweis dafür liefert z.B. die Entwicklung des betriebswissenschaftlichen Studiums an der ETH Zürich. Dessen thematischer Inhalt ist zwar nicht wissenschaftstheoretisch, so doch faktisch belegt durch den Konsens der in der Lehre engagierten Dozenten. Aufbau und Inhalt dieses Diplomstudiums spiegeln heute ein Verständnis der Betriebswissenschaften wider, welches den Ursprung im Gedankengut des Scientific Management kaum noch erkennen lässt. Prägende Merkmale sind vielmehr zum Ersten die Sicht von Unternehmen als soziotechnische produktive Systeme, welche mit anderen Unternehmen sowie mit der technologischen, sozialen, ökonomischen und ökologischen Sphäre des Umfeldes eng vernetzt sind *(nach Ulrich 1984, S. 17)*. Zum Zweiten ist es – aufgrund der natur- und ingenieurwissenschaftlichen Verankerung der BW – die betriebswissenschaftliche Kompetenz, Entwicklungs-, Produktions- und Logistikprozesse von Grund auf verstehen und originär innovative Konzepte der Optimierung und Neugestaltung realisieren zu können. Der wissensintegrierende Einbezug der Arbeitswissenschaften ermöglicht gleichzeitig als Drittes, ebenfalls aufgrund originärer Forschung, neue Lösungen der qualitativen Arbeits- und Führungsgestaltung umzusetzen. Analoges gilt, viertens, für die bereichsübergreifenden Informatikbelange und den Einsatz von Informationstechnologien. Demgegenüber, als fünftes Merkmal, werden die Wissensgebiete von Marketing, finanzieller Führung und Recht als State-of-the-Art-Erkenntnisse der Betriebswirtschaft bzw. Rechtswissenschaft in den Wissensraster der Betriebswissenschaft eingebracht. Ähnlich verhält es sich, als sechstes Merkmal, mit dem Wissensgebiet der Gesamtführung, dessen Einbezug mehrheitlich auf Erkenntnissen der Managementwissenschaft und der Betriebswirtschaftslehre beruht. Davon ausgenommen ist, als siebtes Merkmal, die noch junge Managementdisziplin des Technologie- und Innovationsmanagements. Ihre Entwicklung ist durch Impulse gekennzeichnet, welche in erster Linie von Technischen Hochschulen ausgegangen sind *(Tschirky 1996; 1998, S. 21)*.

Unter **Management Science** werden die hauptsächlich aus den USA und Großbritannien stammenden Veröffentlichungen zur Aufgabe des allgemeinen Managements eingeordnet. Unter ihnen sind zunächst die Publikationen von *Drucker (z.B. 1955, 1969, 1973, 1980, 1985a, 1985b, 1989, 1993, 1998a, 1998b)* hervorzuheben, welche die zahlreichen Facetten der Unternehmensführung in umfassender Breite ausleuchten. Die gewählte Tiefe der Ausführungen verhalf dem Werk Druckers, als komplementäre Grundlage zu methodisch ausgerichteten Lehrbüchern über Unternehmen und deren Führung einen unbestritten erstrangigen Platz einzunehmen. Konkretere Äußerungen über die Aufgaben der Unternehmungsführung finden sich bei *Kotter (1982)*, jedoch ohne dass auf zentrale

Aspekte, z.B. des technologischen Wandels und dessen soziotechnische Implikationen für jede Art von Unternehmen, eingegangen wird. Analoge Lücken finden sich bei *Mintzberg (1989)*, einem Werk, welches in narrativer Form – und illustriert durch anschauliche Praxisfälle – die Aufgaben des Managements darstellt. Ein ähnliches Bild vermittelt schließlich das von mehr als achtzig Autoren gestaltete „Handbook of Management" von *Crainer (1995)*. Der eigentlichen Technologiebetroffenheit von Unternehmen wird lediglich ein marginaler Platz eingeräumt. Das Thema „Technologie" ist auf die Aspekte der Informationstechnologie reduziert und die Behandlung von Forschung und Entwicklung beschränkt sich auf kleinem Raum auf die Feststellung des wachsenden Bewusstseins, Aufgaben von Forschung und Entwicklung auf aktive Weise in das Unternehmensgeschehen einzubeziehen.

Unter **Theory of the Firm** wird auf jene Arbeiten Bezug genommen, welche Unternehmen in erster Linie aus einer mikro- und makroökonomischen Perspektive betrachten. In seinem Aufsatz "The Theory of the Firm" wirft z.B. *Coase (1937)* die Frage auf, warum sich in einem marktwirtschaftlich organisierten System Unternehmen bilden. Er kommt zum Schluss, dass dies aufgrund des Umstandes geschieht, dass gewisse wirtschaftliche Aktivitäten innerhalb von Unternehmen wirtschaftlicher realisiert werden können als zwischen Unternehmen auf Märkten. In der neueren Vergangenheit ist die Perspektive der „Theory of the Firm" im Rahmen der Diskussion der ressourcenorientierten Unternehmensführung einer kritischen Reflexion unterzogen worden und zeigt, dass neben Transaktionskosten wesentliche andere Einflussfaktoren das Entstehen und die Existenz von Unternehmen begründen können *(vgl. Conner 1991)*.

3 Eine kritische Lücke zwischen Managementtheorie und Technologierealität

Die Gegenüberstellung der Grundlagen heute verbreiteter Konzepte von Unternehmen und deren Führung und der eingangs dargelegten Unternehmensprobleme spiegelt eine auffällige Lücke zwischen dem vermittelten Bild der Unternehmensrealität und den tatsächlich bestehenden Gegebenheiten wider. Während bei der Betriebwirtschaft, der Management Science und der Theory of the Firm in erster Linie die technologischen Aspekte fehlen, ermangelt es der Betriebswissenschaft vor allem der Sicht der Gesamtführung und der Makroökonomie. Aus vermutlich keinem der diskutierten Ansätze und Theorien dürften für die praktischen Lösungen der aufgeführten Unternehmensprobleme ausreichende Impulse zu entnehmen sein.

Zwar ist die Verbreitung der Literatur über Technologie-Management in den letzten Jahren durch ein deutliches Wachstum gekennzeichnet (vgl. Abb. 1). Dennoch kann diese Entwicklung die „Technologie-Lücke" im Verständnis des allgemeinen Managements nicht schließen. Denn das Bestehen der Lücke veranlasst zum einen aus der Sicht der obersten Führungsgremien, die Technologiebelange als Angelegenheiten der nachgeordneten Führungsebenen zu verstehen. Damit unmittelbar verknüpft ist das unternehmerische Risiko, dass sowohl Chancen als auch Gefahren des Technologieeinsatzes in die originären Entscheidungen auf den Stufen von Geschäftsleitung und Verwaltungsrat ungenügend einbezogen sind. Zum anderen besteht bei isoliert aspektweisen Aussagen über die Unternehmensführung stets die Ungewissheit, ob diese sich auf verträgliche Weise in den Prozess der Führungsentscheidungen einfügen lassen.

Als unmittelbare Konsequenz der bestehenden Lücke besteht der Sachverhalt, dass Unternehmen einerseits mit ökonomischen und sozialwissenschaftlichen und andererseits – aus *unterschiedlichen* wissenschaftlichen Quellen stammend – mit natur-, ingenieur-, arbeits- und umweltwissenschaftlichen Erkenntnissen des Unternehmensgeschehens und im Besonderen der Unternehmensführung konfrontiert sind. Unternehmen werden auf diese Weise in die Situation gedrängt, eine Vielfalt von zunächst nicht aufeinander abgestimmten wissenschaftlichen Erkenntnissen zur Kenntnis nehmen zu müssen, sie zu integrieren, um sie erst anschließend umsetzen zu können. Angesichts des fachlich äußerst anspruchsvollen Niveaus dieser Aufgabe erstaunt es nicht, dass der Beizug von Unternehmensberatern eine häufig gewählte Alternative zur eigenständigen Aufgabenlösung geworden ist. Dafür scheint weniger die konzeptionelle Qualität von Beraterempfehlungen den Ausschlag zu geben als vielmehr die Tatsache, dass Unternehmensberater sich in erster Linie als für die Lösung von spezifischen Unternehmens*problemen* und nicht für die Vermittlung von singulärem Unternehmens*wissen* zuständig verstehen.

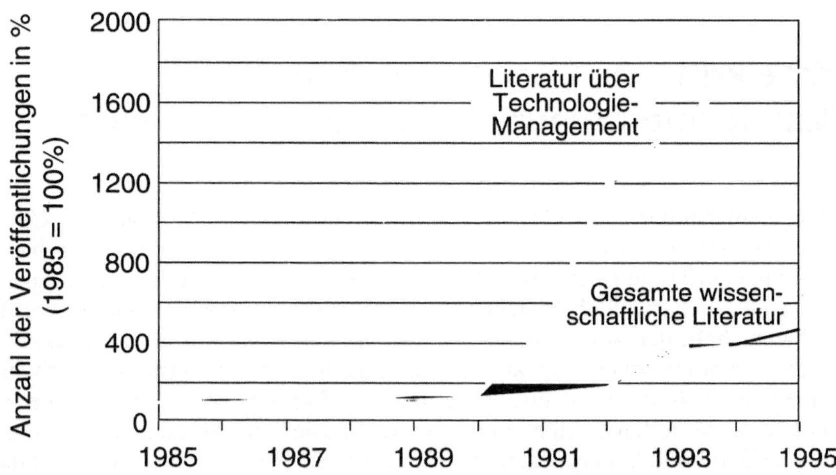

Abb. 1: Entwicklung der Publikationen über Technologie-Management im Vergleich zur Gesamtzahl der wissenschaftlichen Publikationen *(Pfund 1997)*

Die von Hochschulen und Universitäten faktisch „delegierte Integrationsaufgabe" spiegelt beispielhaft die oft vermerkte kritische Äußerung wider, dass diese Institutionen traditionsgemäß hochspezialisiertes disziplinäres Wissen schaffen und dieses in weitgehend „atomisierter" Form einerseits den Studierenden vermitteln und andererseits in schriftlicher oder kommunikativer Form veröffentlichen. Die den „außenstehenden" Unternehmen überlassene Wissenszusammenführung ist damit die *eine* Folge der verbreiteten akademischen Praxis nicht wahrgenommener Wissensintegration. Die *andere* und nicht minder problematische ist die, dass den Studierenden der gegenwärtigen Managementtheorien – und damit den künftigen Führungskräften – ein Unternehmensbild gelehrt wird, welches die Funktion einer verlässlichen – d.h. möglichst realitätsnahen – Grundlage für Führungs- und Ausführungsentscheidungen nicht erfüllt.

Die Schließung der dargelegten Lücke ist auf zwei grundsätzlich unterschiedlichen Wegen denkbar. Der eine, kürzerfristig begehbare beinhaltet die Entwicklung eines neuen Eigen- und Fremdverständnisses von Forschung und Technologie-Entwicklung. Der andere, längerfristig orientierte Weg führt in erster Linie über die Schaffung einer neuen Grundlage der Führung von technologieintensiven Unternehmen.

4 NOT-wendig: Ein neues Eigen- und Fremdverständnis von Forschung und Technologie-Entwicklung

Ein hauptsächliches Merkmal der diskutierten Lücke ist der Umstand, dass in gegenwärtigen Auffassungen der Unternehmenslehre die Bedeutung von Technologien und damit die Rolle von F&E trotz deren erfolgsbestimmender Einwirkung auf das Unternehmensgeschehen kaum oder nur ungenügend berücksichtigt ist. Zur Auflösung dieser Diskrepanz zwischen Theorie und Realität wird postuliert, dass dazu ein erweitertes bzw. neues Eigen- und Fremdverständnis von F&E erforderlich ist. Dies bedeutet mit anderen Worten, dass die Rolle von F&E, wie sie einerseits von den Rollenträgern und andererseits aus Sicht der Unternehmensführung wahrgenommen wird, der gegebenen Unternehmensrealität anzugleichen ist. Diese Bedeutungsveränderung vorzunehmen ist im wörtlichen Sinn „NOT-wendig", da ohne sie Unternehmen der konsequenzenreichen Gefahr ausgesetzt sind, existenzielle Chancen und Gefahren des Technologieeinsatzes zu unterschätzen.

Ein *neues Eigenverständnis von F&E* ist in erster Linie gekennzeichnet durch ein Bewusstsein des Leiters von F&E und sämtlicher seiner MitarbeiterInnen, dass die F&E-Aktivitäten über die Entwicklung von innovativen und auf Marktbedürfnisse ausgerichteten Produkte hinaus ebenfalls und auf direkte Weise auf die Erreichung von Unternehmenszielen ausgerichtet sind. Demgegenüber äußert sich ein *neues Fremdverständnis von F&E* aus der Sicht der Unternehmensführung im

Bewusstsein, dass die Technologiebelange neben den Hauptfunktionen wie Marketing und Finanzen als gleichprioritäre Einflussfaktoren auf allen Führungsebenen in die Führungsentscheidungen einzubeziehen sind. Die Schaffung dieses zweifach neuen Bewusstseins bedeutet in erster Linie eine aktive Einflussnahme auf die Unternehmenskultur, welche erfahrungsgemäß durch Schulungsveranstaltungen und deutliche Signale der Unternehmensleitung zu bewerkstelligen ist. Parallel dazu steht heute ein umfassendes Angebot an Konzepten und Instrumenten zur Verfügung, welche die Umsetzung der neuen Denkweise im Rahmen des Führungsprozesses unterstützen. Dies zu illustrieren ist das Ziel der folgenden Beispiele:

Normative Ebene[3]**:** Auf der *normativen Ebene* der Führung ist als erstes Beispiel auf die Äußerungen hinzuweisen, mit denen die Technologiebetroffenheit des Unternehmens in der Unternehmenspolitik bzw. im Unternehmensleitbild verankert ist (vgl. Abb. 2).

Unternehmensleitbild

...

Wir bieten Industrie, Gewerbe und Handel und Endverbrauchern wirtschaftliche Problemlösungen mit hohem Kundennutzen an. Unsere verkaufsnahen Bereiche werden unterstützt durch eine leistungsfähige Produkt- und Marktentwicklung, rationelle zentrale Dienste und hochspezialisierte Produktionsbetriebe.

Unsere Produkte und Dienstleistungen entsprechen dem aktuellen Technologiestand und sichern hohe Qualitätsanforderungen. Mit Innovationen und technologischer Führerschaft wird der Kundennutzen andauernd optimiert. Marktgerechte und wirtschaftliche Neuerungen werden konsequent realisiert.

Durch gesundes Wachstum festigen wir die Marktstellung als starker und technologisch führender Anbieter. In ausgewählten Märkten sind wir Marktleader.

Zur Sicherung der Wettbewerbsfähigkeit ...

Abb. 2: Verankerung der originären Bedeutung von Technologien im Leitbild

Zum Zweiten ist wesentlich, dass die für kreative und innovative F&E-Tätigkeiten erforderlichen Verhaltensweisen durch entsprechende, real vorhandene Werthaltungen in der Unternehmenskultur verankert sind. Die Frage nach der gegenwärtigen Verfassung der Unternehmenskultur lässt sich aufgrund einer Kulturanalyse beantworten. Als Beispiel dafür wird auf die Untersuchung von *Meyer (1994, S. 47)* hingewiesen (vgl. Abb. 3). Sie wurde bei ABB durchgeführt und verfolgte den Zweck, die Auswirkungen von Managementeinwirkungen nach der Fusion von BBC und ASEA transparent zu machen. Die Resultate ergaben, dass sich bereits in der für kulturelle Veränderungen kurzen Zeit von drei Jahren signifikante Verschiebungen ergaben: Während die Kultur im Jahr 1990 noch im hierarchieorientierten Quadranten angesiedelt war, lässt der Zustand 1993 eine deutliche Veränderung in Richtung „dynamisch / innovativ" erkennen.

---

[3] Die Unterscheidung von normativen, strategischen und operationellen Führungsaufgaben folgt den Ansätzen von *Ulrich (1984) und Bleicher (1992).*

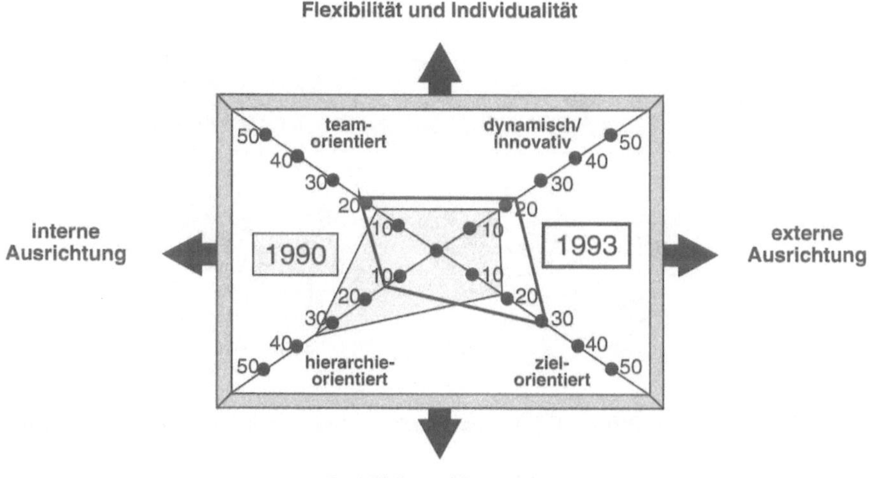

Abb. 3: Analyse der Unternehmenskultur im Hinblick auf die Implementierung neuer Geschäftsstrategien *(Beispiel ABB, Meyer 1994)*

Auf der normativen Ebene ist nicht nur wesentlich, *dass* langfristig entschieden wird. Ebenso bedeutungsvoll ist, *wer* entscheidet. Damit ist als drittes Beispiel die Zusammensetzung der obersten Entscheidungsstrukturen eines Unternehmens angesprochen. Die Tragweite von Technologieentscheidungen erfordert, dass das Technologiewissen originär in den Entscheidungsfindungsprozess einbezogen wird. Die Technologiebetroffenheit ist heute für eine Mehrzahl von Unternehmen zu tiefgreifend, als dass das Management ausschließlich auf beigezogenes Expertenwissen und damit auf *Meinungen aus zweiter Hand* abstellen kann. Für die obersten Entscheidungsgremien von technologieintensiven Unternehmen (Stufen Verwaltungsrat und Geschäftsleitung) ist deshalb eine Zusammensetzung zu wählen oder herzustellen, welche einer ausgewogenen Vertretung der technologischen und nicht-technologischen Fachkompetenzen Rechnung trägt. Eine erste Maßnahme dazu ist in vielen Unternehmen, für die Geschäftsleitung einen **Chief Technology Officer (CTO)** zu bestimmen (vgl. Abb. 4). Dessen Aufgabe ist bei *Tschirky (1998, S. 372)* näher umschrieben.

Abb. 4: Chief Technology Officer (CTO): eine zunehmend verbreitete Aufgabe der Geschäftsleitung

Strategische Ebene: Als viertes Beispiel ist die Erarbeitung einer F&E- bzw. Technologiestrategie zu erwähnen. Einem auf den F&E-Bereich fokussierten Vorgehen ist ein Verfahren vorzuziehen, welches eine weitestgehende funktionale Integration mit den Bereichsstrategien ermöglicht. Dies kann beispielsweise dadurch geschehen, dass in jedem Baustein der strategischen Geschäftsplanung die relevanten F&E-Belange bearbeitet und laufend eingebracht werden (vgl. Abb. 5).

Das fünfte Beispiel illustriert die Notwendigkeit, die F&E-Projekte möglichst lückenlos, in die strategischen Projekte einordnen zu können, welche sich in der Regel als Schlüsselvorhaben zur Umsetzung der Geschäfts- und Ressourcenbereichsstrategien ergeben (vgl. Abb. 6). Auf diese Weise erfahren die F&E-Projekte zum einen eine verbindliche prioritäre Zielsetzung. Zum andern lässt sich mit dieser Ordnung auch die Gewissheit erhärten, dass F&E-Projekte sowohl auf die Entwicklung von Produkt- als auch im notwendigen Ausmaß auf Produktionsprozesstechnologien ausgerichtet sind.

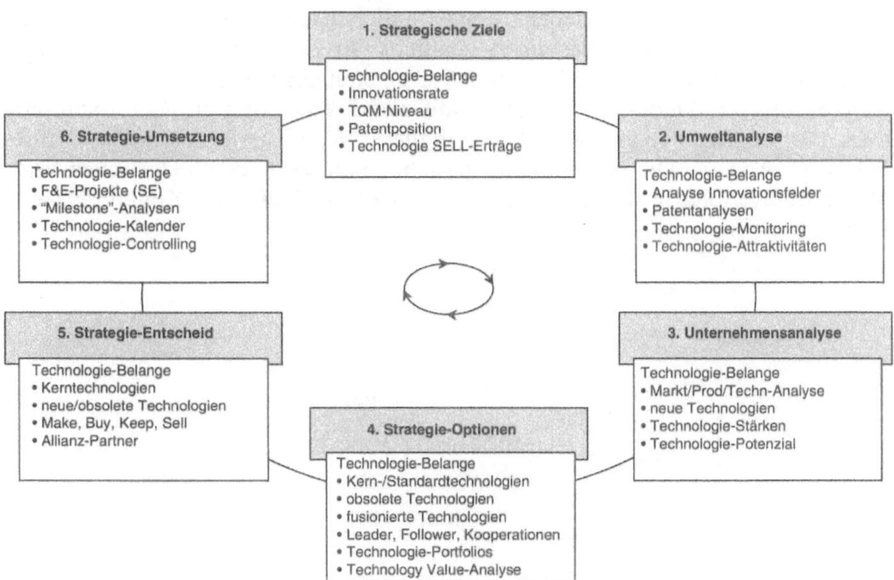

Abb. 5: Entwicklung der Technologiestrategie als integrierter Teil der Geschäftsstrategie

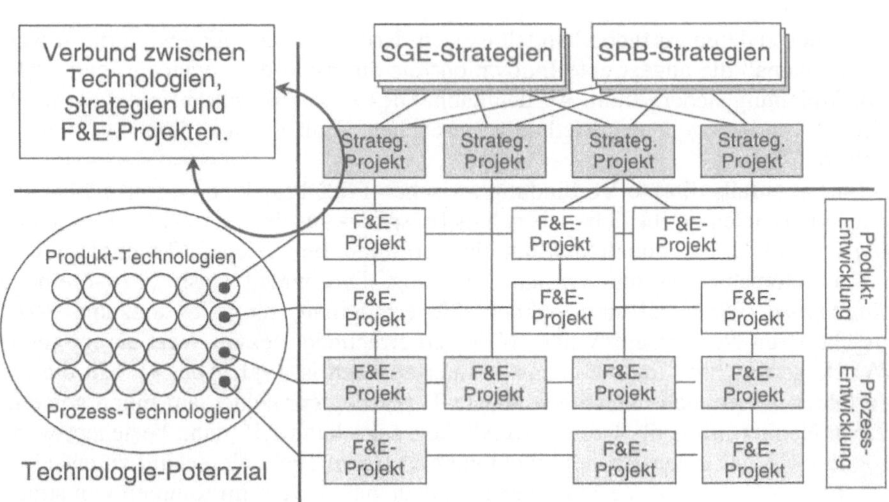

Abb. 6: Lückenlose Einordnung der F&E-Projekte in die strategischen Projekte der strategischen Geschäftseinheiten (SGE) und strategischen Ressourcenbereiche (SRB)

Die Beispiele sechs und sieben veranschaulichen die Unternehmenszielbezogenheit von F&E-Projekten besonders deutlich: Für zahlreiche Unternehmen besteht die *Innovationsrate* als charakteristischer strategischer Kennwert, der sich zum prozentualen Anteil des Umsatzes mit neuen Produkten am Gesamtumsatz äußert. Für Siemens beispielsweise hat sich dieser Wert inzwischen auf rund 70% erhöht (vgl. Abb. 7). Die eine Aufgabe besteht somit darin, den historischen Verlauf der Innovationsrate abzuschätzen und dessen Verlauf – im Konkurrenzvergleich – zu prognostizieren.

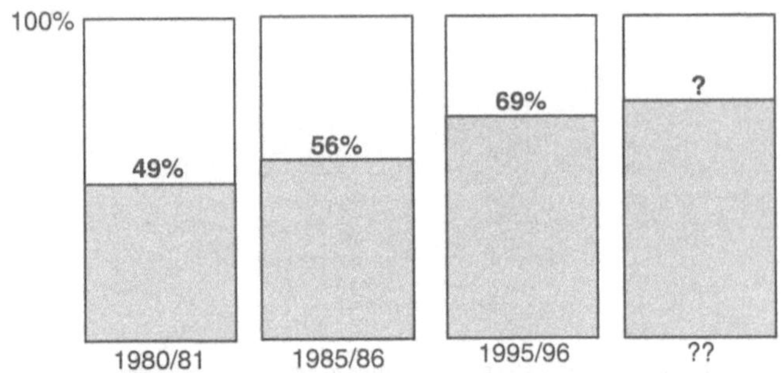

Abb. 7: Analyse der Entwicklung der Innovationsrate (Umsatzanteil neuer Produkte in %) – Beispiel Siemens

Bei der anderen Aufgabe handelt es sich darum, sich zu vergewissern, in welchem Ausmaß die angestrebte Innovationsrate aufgrund der gegenwärtigen F&E-Projektplanung sichergestellt werden kann. Dies kann z.B. mit Hilfe der in Abbildung 8 wiedergegebenen Methodik geschehen *(*Einzelheiten dazu in *Tschirky 1998, S. 342).*

Eine ebenfalls direkte Verbindung zwischen F&E-Projekten und primären Unternehmenszielen ergibt sich – als achtes Beispiel – aus der sog. *Technology Value Analysis (TVA)*. Es handelt sich um ein Verfahren, bei welchem Technologievorhaben unterschiedlichster Art nach der sog. Discounted Cash Flow-Methode *(Rappaport 1986)* analysiert werden. Sie ermöglicht, für jedes einzelne F&E-Projekt einen Net Present Value (NPV) zu errechnen, dessen Wert als mögliche Wertsteigerung des Unternehmens zu interpretieren ist (vgl. Abb. 9). Mit diesem Verfahren lassen sich unterschiedlichste Technologieprojekte „auf einen gemeinsamen Nenner bringen". Die Notwendigkeit dazu kann z.B. dann bestehen, wenn es gilt, zwischen einer Eigenentwicklung und einem Technologiekauf zu entscheiden. Ebenso liefert das Verfahren erste Anhaltspunkte, um im Rahmen von strategischen Planungen zwischen Technologie- und Marketingvorhaben entscheiden zu müssen. – Einzelheiten der TVA-Methode finden sich bei *Tschirky (1998, S. 316).*

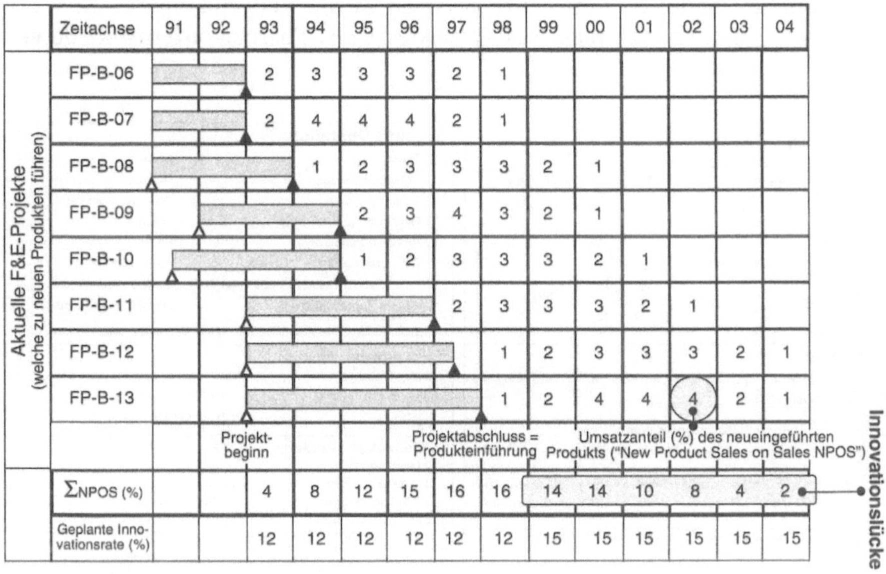

Zeitachse	91	92	93	94	95	96	97	98	99	00	01	02	03	04
FP-B-06			2	3	3	3	2	1						
FP-B-07			2	4	4	4	2	1						
FP-B-08				1	2	3	3	3	2	1				
FP-B-09					2	3	4	3	2	1				
FP-B-10					1	2	3	3	3	2	1			
FP-B-11							2	3	3	3	2	1		
FP-B-12								1	2	3	3	3	2	1
FP-B-13								1	2	4	4	4	2	1
ΣNPOS (%)			4	8	12	15	16	16	14	14	10	8	4	2
Geplante Innovationsrate (%)			12	12	12	12	12	12	15	15	15	15	15	15

Abb. 8: Analyse der bestehenden F&E-Projekte im Hinblick auf ihren Beitrag zur Sicherstellung der geplanten Innovationsrate

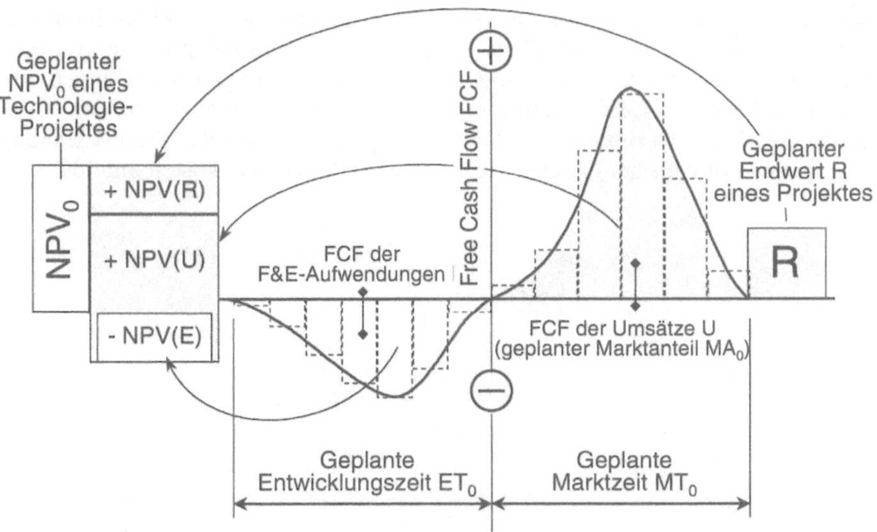

Abb. 9: Analyse von F&E-Projekten nach der Discounted Cash Flow-Methode *(nach Rappaport 1986)*

Operationelle Ebene: In Abb. 10 ist beispielhaft die Verwendung des NPV als operationelle Zielsetzung eines F&E-Projektes eines Pharmakonzerns wiedergegeben.

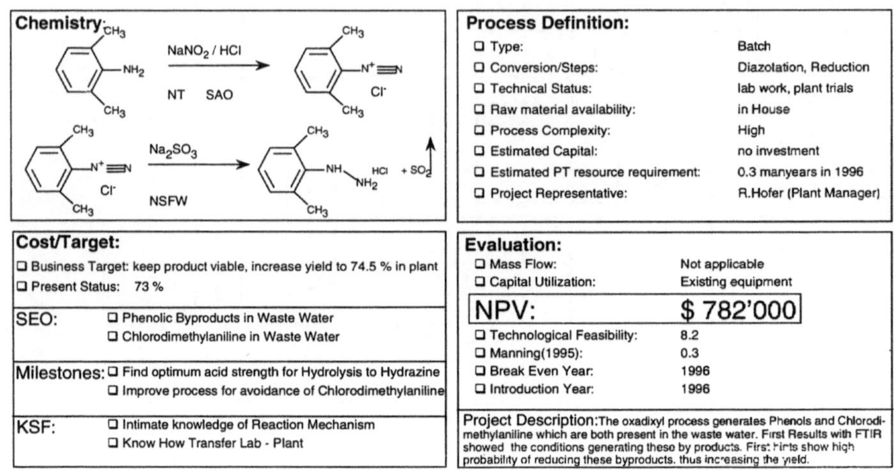

Abb. 10: Der NPV als Zielsetzung eines F&E-Projektes

Das neunte Beispiel veranschaulicht die Methode des sog. *Target Costing* (vgl. Abb. 11). Dieses Verfahren wurde ursprünglich von japanischen Unternehmen wie NEC, Sony, Nissan und Toyota entwickelt *(Horváth, 1995, S. 714)*. Im Kern handelt es sich um eine Vorgehensweise der Produktplanung, welche ihren Ursprung im Markt hat. Die Grundlage für die Analyse und Neuplanung von Produktpositionen im Markt bilden sogenannte Preis-Leistungs-Darstellungen. Im illustrierten Beispiel ist ein Planungsergebnis festgehalten, wonach für ein neues Produkt die Wettbewerbschancen dann günstig sind, wenn die Produktleistung wesentlich erhöht wird bei gleichzeitiger Senkung der Herstellkosten um 40%.

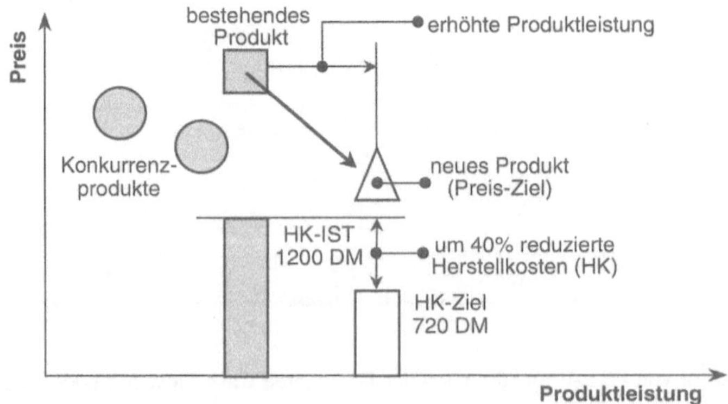

Abb. 11: Methode des Target Costing

Im nächsten Schritt werden die Produktfunktionen präzisiert, welche das neue Produkt zu erfüllen hat. Daran anschließend erfolgt eine Gewichtung der einzelnen Funktionen (Prozente), welche deren relative Bedeutung aus der Sicht des Kunden zum Ausdruck bringen. Aus diesen Werten lassen sich Kostenziele ableiten, welche für die Entwicklung der Technologien zur Erfüllung der verschiedenen Produktfunktionen verbindlich sind.

Das abschließende zehnte Beispiel spiegelt eine weitere Möglichkeit wider, F&E-Projekte nach unternehmensorientierten Zielen zu führen. Sie beruht auf dem Ansatz, dass sich in der Regel vier Schlüsselziele unterscheiden lassen (vgl. Abb. 12), nämlich die Entwicklungszeit, die Herstellkosten des zu entwickelnden Produkts, die Produktleistung (Qualität) und der finanzielle Projektaufwand *(Smith & Reinertsen 1991, S. 19)*.

Diese vier Ziele sind nicht unabhängig voneinander. Vielmehr bestehen zwischen ihnen „trade-offs", die sich einander überlagern: So kann eine Überschreitung der Entwicklungszeit zu einer Reduktion der Herstellkosten und damit zu erhöhten Produkterträgen führen, denen allerdings der vermutlich erhöhte Projektaufwand und die möglicherweise eintretenden Umsatzverluste – aufgrund eines verspäteten Markteintritts – gegenüberzustellen sind. Eine verhältnismäßig einfach vorzunehmende Auswertung der Projekt-Planungsunterlagen ermöglicht, „Faustregeln" herzuleiten, welche erlauben, die Ergebniswirksamkeit von Zielabweichungen rasch abzuschätzen. Solche können z.B. wie folgt lauten:

- „$470'000 Ertragseinbusse pro Monat Überschreitung der Entwicklungszeit";
- „$55'000 Ertragseinbusse pro Prozent der Aufwandüberschreitung";
- „$160'000 Ertragseinbusse pro Prozent Verlust an Stückzahlverkäufen",
- „$104'000 Ertragseinbusse pro Prozent Überschreitung der Herstellkosten"

Abb. 12: Vier Schlüsselziele von F&E-Projekten

5 Konzept Unternehmenswissenschaft: Neue Grundlage der Führung von technologieintensiven Unternehmen[4]

Mit Hilfe des Konzepts Unternehmenswissenschaft werden einige Überlegungen geäußert, welche zur anzustrebenden Grundlagenvollständigkeit für die Erfassung von Unternehmen und deren Management führen könnten. Die Grundgedanken dazu sind in Abb. 13 und Abb. 14 wiedergegeben.
Aus Abb. 13 geht zum einen hervor, dass die beschreibende Erfassung der heutigen Realität von Unternehmen auf Erkenntnissen zahlreicher Wissenschaften beruht wie Makro- und Mikroökonomie, Sozialwissenschaften, Rechtswissenschaften, Umweltwissenschaften, Natur- und Ingenieurwissenschaften sowie Arbeitswissenschaften. Zum andern ist symbolisch angedeutet, auf welchen wissenschaftlichen Grundlagen die gegenwärtigen Ansätze der Unternehmensführung und Unternehmenslehre beruhen, bzw. welche Wissensgrundlagen ausgeklammert sind.

Das Konzept der Unternehmenswissenschaften beruht auf der Annahme, dass *die relevanten* empirischen und wissenschaftsbasierten Wissensgebiete, welche zur Beschreibung von Unternehmen erforderlich sind, ohne wesentliche Lücken in die Erforschung der beiden Erkenntnisbereiche (vgl. Abb. 14) Eingang finden.

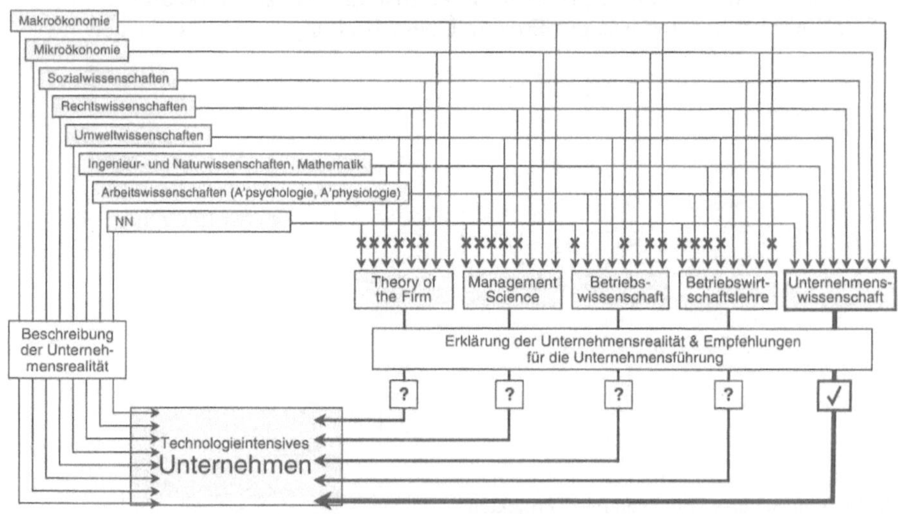

Abb. 13: Unternehmenswissenschaft: neue Grundlage der Führung von technologieintensiven Unternehmen

[4] Eine ausführliche Darstellung des Konzepts Unternehmenswissenschaft findet sich in *Tschirky (1999).*

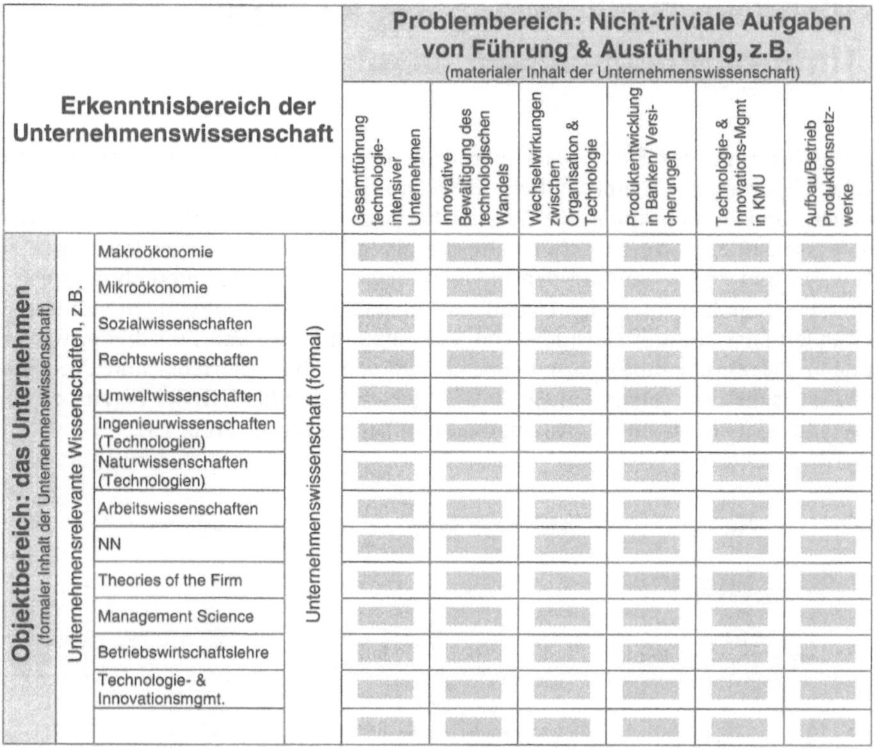

Erkenntnisbereich der Unternehmenswissenschaft	Problembereich: Nicht-triviale Aufgaben von Führung & Ausführung, z.B. (materialer Inhalt der Unternehmenswissenschaft)					
	Gesamtführung technologie-intensiver Unternehmen	Innovative Bewältigung des technologischen Wandels	Wechselwirkungen zwischen Organisation & Technologie	Produktentwicklung in Banken/ Versi-cherungen	Technologie- & Innovations-Mgmt in KMU	Aufbau/Betrieb Produktionsnetz-werke
Objektbereich: das Unternehmen (formaler Inhalt der Unternehmenswissenschaft) – Unternehmensrelevante Wissenschaften, z.B. – Unternehmenswissenschaft (formal)						
Makroökonomie						
Mikroökonomie						
Sozialwissenschaften						
Rechtswissenschaften						
Umweltwissenschaften						
Ingenieurwissenschaften (Technologien)						
Naturwissenschaften (Technologien)						
Arbeitswissenschaften						
NN						
Theories of the Firm						
Management Science						
Betriebswirtschaftslehre						
Technologie- & Innovationsmgmt.						

Abb. 14: Unternehmenswissenschaft: neue Grundlage der Führung von technologieintensiven Unternehmen

Der eine von ihnen, der *Objektbereich*, umfasst das Unternehmen und bestimmt den formalen Rahmen der Unternehmenswissenschaft. Dessen Struktur ist das Ergebnis einer ersten Integrationsleistung. Sie besteht darin, das Wissen der zugrunde liegenden Wissenschaften und ebenso bisherige Erkenntnisse der Unternehmensführung in eine thematische und inhaltliche Ordnung zu bringen. Diese soll sowohl dazu geeignet sein, die inhaltliche Struktur einer Unternehmenslehre zu bilden als auch als „Denkraster" der Erforschung von relevanten Unternehmensproblemen zu dienen. Diese bestimmen den *Problembereich* der Unternehmenswissenschaft, der als Gesamtheit der nicht-trivialen Probleme von Führung und Ausführung zu umschreiben ist. Die Lösungsforschung solcher Probleme beinhaltet eine zweite Integrationsleistung. Sie besteht darin, aus der wissenschaftlichen Grundlagenvielfalt der Unternehmenswissenschaft jene Erkenntnisse zusammenzuführen, deren Verarbeitung wissenschaftlich begründet brauchbare Problemlösungen ergibt.

6 Wege zur Realisierung des Konzepts Unternehmenswissenschaft

Die Realisierung des Konzepts Unternehmenswissenschaft ist ohne Zweifel ein großes Unterfangen. Hauptsächliche Herausforderungen liegen darin, die vieldisziplinäre und in sich kohärente Wissensbasis zu erarbeiten, effektive Methoden der Wissensintegration zu entwickeln, die eigentlichen Integrationsleistungen zu erbringen und dabei simultan den unabdingbaren Bezug zur Unternehmenspraxis sicherzustellen. Die folgenden Gedanken sollen dazu erste Anregungen vermitteln. Es handelt sich um drei Beispiele von Vorhaben in Lehre und Forschung, welche an der ETH Zürich im Departement und Abteilung für „Betriebs- und Produktionswissenschaften" (Departement D-BEPR bzw. Abteilung IIIE)[5] bereits umgesetzt sind oder sich noch im Planungsstadium befinden (vgl. Abb. 15).

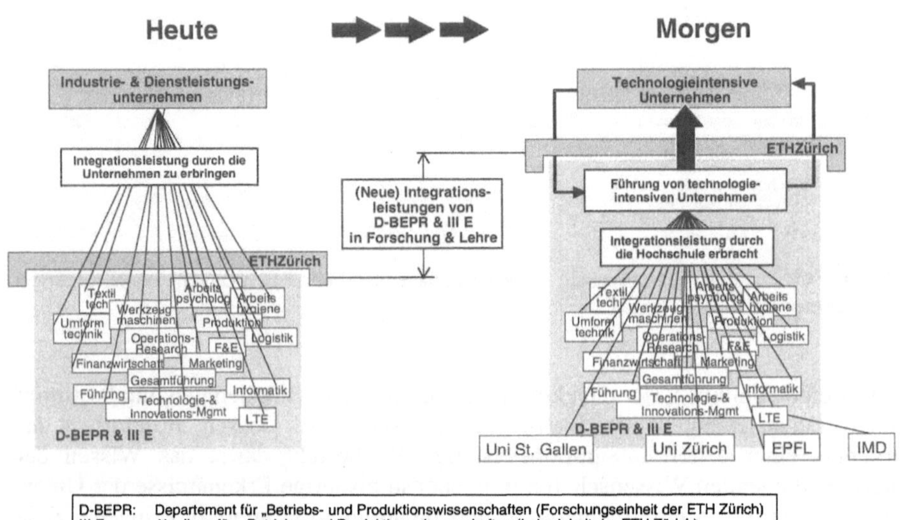

Abb. 15: Künftige Ausrichtung von Forschung und Lehre in „Betriebs- und Produktionswissenschaften" an der ETH Zürich

[5] Die gegenwärtige Organisation der ETH Zürich ist nach Departementen und nach Abteilungen gegliedert. Die Departemente, denen sämtliche personellen, finanziellen und infrastrukturellen Ressourcen zugeordnet sind, erfüllen einerseits den Forschungsauftrag der ETH Zürich. Andererseits erbringen sie mit denselben Mitteln die Lehrleistungen der Hochschule, welche formell nach studiumsspezifischen Abteilungen geordnet sind.

Die heutige Lehre und Forschung auf dem vorgestellten Gebiet „Betriebs- und Produktionswissenschaften" wird durch eine interdisziplinäre Vielfalt von Instituten und einzelnen Professuren wahrgenommen. Deren Aktivitäten sind in fachlicher Hinsicht in erster Linie autonom, jedoch mit dem Ziel, neue Erkenntnisse auf aktive Weise den Industrie- und Dienstleistungsunternehmen zugänglich zu machen. Dies geschieht auf zwei Wegen. Der eine führt über das den Studierenden vermittelte Wissen, die ihre während des Studiums erworbenen Kenntnisse im Rahmen ihrer künftigen beruflichen Tätigkeiten anwenden werden. Der andere wird beschritten, indem Forschungsergebnisse die Unternehmen über direkte und interaktive Kontakte oder in Form von Publikationen erreichen. Faktisch gesehen besteht damit die bereits angesprochene Situation, dass die Unternehmen mit einer Fülle von Fachwissen konfrontiert sind, das sich nicht ohne weiteres im Maßstab 1:1 umsetzen lässt. Denn autonom entstandenes Teilwissen über Unternehmen und deren Führung bedarf in jedem Fall einer interdisziplinären, auf die gegebene Problemstellung bezogenen Angleichung.

Das erste betrifft die Durchführung einer wissensintegrierenden Lehrveranstaltung. Während des Sommersemesters 1998 wurde im Rahmen des Vertiefungsstudiums „Technologie- und Innovationsmanagement" erstmals die Vorlesung „Markteinführung technologischer Innovationen" angeboten. Die Studierenden hatten die Aufgabe, innerhalb des Departements entstandene Technologien in bezug auf mögliche Geschäftschancen zu beurteilen. Zur Verfügung standen je eine Technologie des Instituts für Umformtechnik und des Instituts für Textilmaschinen und Textilindustrie. Als Voraussetzung für die Lösung der gestellten Aufgabe verfügten die Studierenden bereits zu Semesterbeginn über das vielseitige, in früheren Semestern vermittelte disziplinäre Wissen in Betriebs- und Produktionswissenschaften. Zusätzliches Wissen methodischer Art wurde durch Vertreter der Betriebswissenschaften und das spezifisch technologische Wissen durch Angehörige der beiden Fachinstitute eingebracht.

Entscheidende Anlässe der Lehrveranstaltung waren Fachdiskussionen, welche im Hörsaal unter den Vertretern verschiedener Fachdisziplinen geführt wurden mit dem Zweck, gemeinsam mit den Studierenden die bestmögliche Nutzung der untersuchten Technologie zu erörtern.

Zweites Beispiel ist das Ausbildungsprogramm „Leading the Technology Enterprise" (LTE), ein Lehrgang, welcher ausgewählte Kaderangehörige von Wirtschaft und Öffentlichkeit auf künftige Aufgaben der Gesamtführung von technologieintensiven Unternehmen vorbereitet. Das Programm wird von der ETH Zürich, ETH Lausanne und dem International Institute for Management Development (IMD) gemeinsam getragen und entspricht aufgrund der fachlich ausgewogenen inhaltlichen Gestaltung bereits weitgehend dem dargelegten Konzept Unternehmenswissenschaft.

Als drittes Beispiel dient das zur Diskussion stehende neue Polyprojekt[6] von D-BEPR. Geplant ist, ein Forschungsthema zu wählen, welches in erster Linie nicht fachlich, sondern auf eine unternehmerische Problemstellung ausgerichtet ist. Im

[6] Polyprojekte sind bestimmungsgemäß Forschungsprojekte der ETH Zürich, an denen mehrere Institute und damit unterschiedliche Forschungsrichtungen beteiligt sind.

Vordergrund steht die Führungsaufgabe des Kantonsspitals Zürich, welche mit der Bewältigung des gesamten Spektrums der Herausforderungen durch den gesellschaftlichen, wirtschaftlichen und technologischen Wandel konfrontiert ist. Es ist geplant, dass auch die Universität Zürich am Projekt beteiligt sein wird.

Ich bin Herrn Dr. Stefan Koruna für verschiedene Anregungen und vor allem für die Bearbeitung des Abschnitts über „Theory of the Firm" zu einem besonderen Dank verpflichtet. Ebenfalls möchte ich die wertvollen Gedankenanstöße von Kollege Prof. Dr. Cornelius Herstatt dankbar erwähnen. Schließlich danke ich den Kollegen Prof. Dr. Anton Leist und Prof. Dr. Peter Schulthess der Universität Zürich für ihre spontane Bereitschaft, wissenschaftstheoretische Fragen des Konzepts Unternehmenswissenschaften zu diskutieren.

7 Literatur

Bleicher, K. (1992), Das Konzept Integriertes Management, 2. Aufl., Frankfurt 1992

Busse von Colbe, W.; Lassmann, G. (1991), Betriebswirtschaftstheorie, Band 1. Grundlagen, Produktions- und Kostentheorie, 5. Auflage, Berlin 1991

Coase, R. H. (1937), The Nature of the Firm. In: Economia, Vol. 4, pp. 386–405.

Conner, K. R. (1991), A Historical Comparison of Resource-Based Theory and Five Schools of Thought Within Industrial Organization Economics: Do We Have a New Theory of the Firm? in: Journal of Management, Vol. 17, No. 1, pp. 121–154.

Crainer, S. (1995, Hrsg.), Handbook of Management, London 1995

Daenzer, W. (1955), Stand und Entwicklung der Betriebswissenschaften, in: io-Management , 24. Jg.

Drucker, P.F. (1955), The Practice of Management, Oxford 1955

Drucker, P.F. (1969), The Age of Discontinuity, New York 1969

Drucker, P.F. (1973), Management – Tasks, Responsibilites, Practices, New York 1973

Drucker, P.F. (1980), Managing in Turbulent Times, New York 1980

Drucker, P.F. (1985a), Innovation and Enterpreneurship, New York 1985

Drucker, P.F. (1985b), The Effective Executive, New York 1985

Drucker, P.F. (1989), The New Realities, New York 1989

Drucker, P.F. (1993), Post-capitalist Society, Practices, New York 1993

Drucker, P.F. (1998a), Peter Drucker on the Profession of Management, New York 1998

Drucker, P.F. (1998b), The Executive in Action, Boston 1998

Eisenführ, F. (1998), Einführung in die Betriebswirtschaftslehre, 2. Auflage, Stuttgart 1998

Fayol, H. (1916), Administration industrielle et générale, Paris 1916

Gisi, H. (1950), Vom Werden der Arbeits- und Betriebswissenschaft, in: Industrielle Organisation, 19. Jg. (1959), Nr. 6, S. 369–371

Horváth, P. (1995), Instrumente des F&E-Controlling, in: Zahn, E. (Hrsg.), Handbuch Technologiemanagement, Stuttgart 1995

Kotter, J.P. (1982), The General Manager, New York 1982

Lattmann, Ch. (1942), Das Wesen der Betriebswirtschaftslehre nach dem deutschen, italienischen und französischen Schrifttum, Dissertation der Handels-Hochschule St. Gallen, St. Gallen 1942

Mintzberg, H. (1989), Mintzberg on Management, New York 1989

Pfund, C. (1997), Entwicklung der Publikationen über Technologie-Management, Interne BWI-Studie, Zürich 1989

Rappaport, A. (1986), Creating Shareholder Value – The New Standard for Business Performance, New York 1986

Rühli, E. (1996), Unternehmensführung und Unternehmenspolitik, Bd. 1, 3. Auflage, Bern 1996

Seubert, R. (1914), Aus der Praxis des Taylor-Systems, Berlin 1914

Smith, P.G.; Reinertsen, D.G. (1991), Developing Products in Half the Time, New York 1991

Taylor, F.W. (1903), Shop Management, Trans. A.S.M.E., vol. 24, p. 1337

Taylor, F.W. (1919), Die Grundsätze wissenschaftlicher Betriebsführung, München 1919

Tschirky, H. (1996), Bringing Technology into Management: The Call of Reality – Going Beyond Industrial Management at the ETH, in: Kocaoglu D.F. & Anderson T.R. (ed.): Innovation in Technology Management – The Key to Global Leadership. Proceedings of the Portland International Conference on Management of Engineering and Technology, Portland, Oregon, USA July 27–31, 1997

Tschirky, H. (1998), Lücke zwischen Management-Theorie und Technologie-Realität, in: Tschirky, H.; Koruna, St. (Hrsg.), Technologie-Management – Idee und Praxis, Zürich 1998

Tschirky, H. (1999), Auf dem Weg zur Unternehmenswissenschaft? – Ein Ansatz zur Entsprechung von Theorie und Realität technologieintensiver Unternehmen, in: Die Unternehmung, Heft 2 (1999) Seiten 67–87.

Ulrich, H. (1970), Die Unternehmung als produktives soziales System, 2. Auflage, Bern 1970

Ulrich, H. (1984), Management (Hrsg., Dyllick Th., Probst G.J.B.), Bern 1984

Walther, A. (1947), Einführung in die Wirtschaftslehre der Unternehmung, 1. Bd.: Der Betrieb, Zürich 1947

Wöhe, G. (1996), Einführung in die Allgemeine Betriebswirtschaftslehre, 19. Aufl. München 1996

Zeidler, F. (1948), Wirtschaftswissenschaft und Betriebswissenschaft – Versuch einer Klärung, in: io-Management, Nr. 11, S. 323–325

Theorie und Praxis als innovative Säulen der Wissensgesellschaft – Theory follows Practice?

Prof. emer. Dr. rer. pol. Dr. h. c. mult. Knut Bleicher
Hochschule St. Gallen

1 Einleitung

„The industries of the future have to be invented. They don't just exist. In the era ahead countries have to make the investments in knowledge and skills that will create a set of man-made brain power industries that will allow their citizens to have high wages and a high standard of living ... Success or failure depends upon whether a country is making a successful transition to the man-made brainpower industries of the future – not on the size of any particular sector." (Thurow 1996).

Der Beziehungszusammenhang zwischen Theorie und Praxis wird aus ökonomischer und nicht aus naturwissenschaftlicher Sicht aufgegriffen. Dabei interessiert weniger die Entwicklung des Verhältnisses im Rahmen eines etablierten Paradigmas als vielmehr die Problematik, die sich beim Übergang von einem akzeptierten zu einem neuen, emergenten Paradigma ergibt. Ausgehend von der These eines Paradigmenwechsels, der von tradierten Produktionsweisen zu neuen Formen einer Wissensgesellschaft führt, werden die besonderen Probleme, die sich in einer derartigen Transitionsphase ergeben, skizziert. Dazu ist es erforderlich, zunächst einen Überblick über die derzeitigen Ideen und Ansätze zu vermitteln, die beim Übergang zum quartären Sektor der Wirtschaft auf dem Weg zu einer informationstechnisch gestützten Wissensgesellschaft erkennbar werden.

Die Forschung und Entwicklung stellt als Träger des Technologiepotenzials, das neben dem Marktbeziehungs- und Managementpotenzial die Grundlagen für die langfristige Unternehmensentwicklung schafft, selbst einen wesentlichen Teil der Wissensentwicklung einer Unternehmung dar. Sie steht dabei im Spannungsfeld tradierter technokratischer und humaner Managementkonzepte.

2 Perspektiven eines neuen Paradigmas

Der derzeit stattfindende Übergang zum quartären Sektor einer Wissensgesellschaft verlangt sowohl für die Theorie als auch für die Praxis die Bewältigung eines Paradigmenwechsels. Empirisch begründete ökonomische Prinzipien und praktische Erfahrungssätze sind im Übergang zu einer „weightless economy“, die sich von den Erfahrungssätzen, die im sekundären Sektor bei Produktion und Distribution materieller Güter vor allem in Massenproduktion gewonnen worden sind, genauso in Frage zu stellen, wie sich daraus im Wettbewerbszusammenhang entwickelnde strategische Positionierungen, Strukturen und Kulturen von Unternehmungen. Für den Übergang zur Wissensgesellschaft liegen erste Erfahrungen vor, die bislang eher einem Steinbruch von Ideen gleichen, als ein kohärentes Theoriegefüge ergeben. Hinzu kommt die gleichzeitige Entwicklung verschiedener Wirtschaftszweige, die eine Beurteilung derzeit erschwert.

War es in der bisherigen wirtschaftlichen Entwicklung des sekundären Sektors die begrenzte Verfügbarkeit physischer Ressourcen, die unser Denken und Handeln bestimmte, so wird behauptet, dass es im quartären Sektor nunmehr vermehrt die Affluenz immateriellen Wissens sei, die ökonomische Realitäten des Wachstums schaffe. Da jedoch unsere derzeitigen ökonomischen Vorstellungen vor allem auf Prinzipien beruhen, die den Umgang mit begrenzt verfügbaren und damit knappen und harten „physical assets“ unterstellen, gewinnt die Entwicklung, die zur zunehmenden Bedeutung der „immaterial assets“ führt, durchaus den Charakter eines Paradigmenwechsels. *„The thesis is simple: Economic growth these days is coming less and less from the tangible world of manufactured goods ... and more and more from the untouchable world of computer data bases, financial products, and entertainment. And this is only set to increase.“ (Strassel 1998).*

Die bislang dominierende „hardware“ wird in Zukunft eine immer geringere Rolle beim wirtschaftlichen Wachstum spielen, das vor allem durch nichtmaterielle Dienstleistungen getragen werden wird. Somit kommt der „software“ in Zukunft eine immer bedeutendere Rolle zu. Diese ist im Wissen der Mitarbeiter gespeichert. Jeder Arbeitnehmer in der Wissensgesellschaft besitzt damit den größten Teil der Produktionsfaktoren selbst. *„Viele erfolgreiche Firmen versuchen deshalb, das von den Mitarbeitern erworbene Wissen in irgendeiner codierten Form für die Unternehmung zu sichern. Wenn ein Arbeitnehmer sich Wissen aneignet, welches außerhalb der eigenen Organisation einen Wert darstellt, erhöht er nämlich nicht nur den eigenen Marktwert, sondern auch den Unternehmenswert, da Wissen den wesentlichen Bestandteil des Unternehmenskapitals darstellt.“ (Graf 1999).*

Zwar müssen Ideen und technische Erfindungen als Wachstumstreiber im Gegensatz zu materiellen Gütern nicht unbedingt knapp sein. Sie mögen reichlich vorhanden sein; es kommt jedoch darauf an, sie marktgerecht zu erschließen. Dabei verlagert sich die Frage der Knappheit von frei verfügbaren Informationen über das Vorhandensein einer großen Wissensbasis, in der viel irrelevantes Wissen enthalten ist, zur Selektion von relevantem Wissen, bei dem jedoch durchaus Elemente der Knappheit zu vermuten sind *(Grant 1997).* Was dabei relevant ist, hängt von der unternehmerischen Vision und konkreter von der Kognition einer zukünftigen Entsprechung eigener Fähigkeiten und Marktbedürfnisse ab: *„A knowledge business is created when the know-how inside the firm and the needs of customers outside the firm meet." (Nurmi 1998).*

Der entscheidende Faktor – und hier verbleibt ein wesentliches Element der Knappheit, das bereits im tradierten Paradigma Gültigkeit beanspruchen konnte – ist damit meines Erachtens die personengebundene rationale und emotionale Fähigkeit zur visionsgeleiteten Selektion zur Beurteilung seiner Relevanz und der marktgerechten Erschließung vorhandenen und als relevant erkannten Wissens durch den Einsatz personeller Ressourcen und Fähigkeiten, die eine Umsetzung in die Realität vollziehen. Hier lässt sich die gedankliche Brücke zwischen dem Einsatz von Technologiepotenzialen aufgrund angewandten naturwissenschaftlichen Wissens und dem Marktbeziehungspotenzial erreichter Kunden- und Lieferantenbindungen durch das Managementpotenzial schlagen, wobei alle drei letztlich spezifische Prägungen des Humankapitals einer Unternehmung repräsentieren. Das als äußerst knapp einzuschätzende Managementpotenzial zur Beurteilung schlecht definierter Problemlagen und -entwicklungen, wie ihre strategische Nutzung und operative Umsetzung gewinnt dabei die Bedeutung einer erfolgskritischen Größe für ein erfolgversprechendes Wissensmanagement (vgl. Abb. 1).

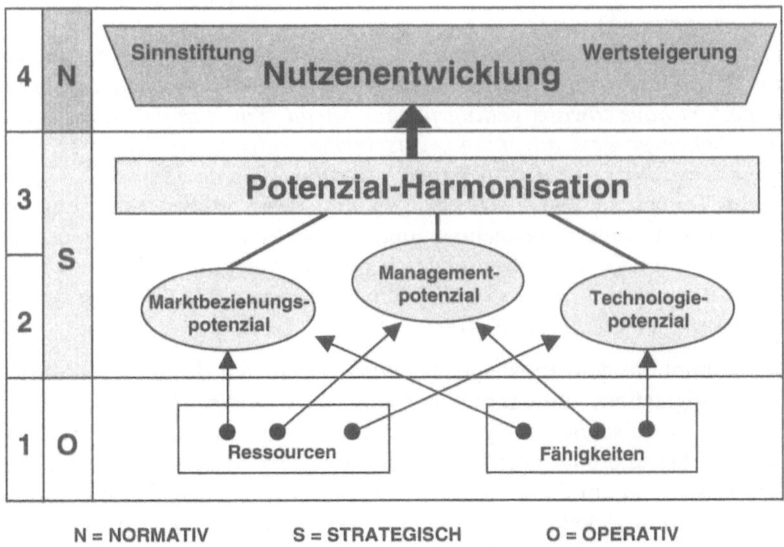

Abb. 1: Von Ressourcen und Fähigkeiten über strategische Erfolgspotenziale zur Nutzenentwicklung

Eine Veränderung der Spielregeln gegenüber dem traditionellen industriellen Paradigma der hoch-arbeitsteiligen Massenproduktion lässt sich auf die Wirkung von Netzwerken zurückführen. Dabei sind es zwei Effekte, die paradigmatische Konsequenzen haben können:

- **„Schneeballeffekt" der Reproduktion am Markt**
  Bei dem neuen Paradigma der „weightless economy" kann es nach einer erfolgreichen neuen Kombination und ihrer Markteinführung zu „Schneeballeffekten" der Reproduktion kommen, ohne dass dabei wesentliche Kosten entstehen. Für sie gilt im Gegensatz zum Gesetz des abnehmenden Grenzzuwachses, das den meisten ökonomischen Analysen des bisherigen Paradigmas zugrunde liegt, ein Gesetz zunehmender Grenzerträge, weil – so wird undifferenziert behauptet – immateriellen Gütern die Knappheitseigenschaft fehlt. Galt bisher, je knapper ein Produkt ist, desto wertvoller wird es, weil eine größere Verfügbarkeit es zu entwerten droht, so gilt im neuen Paradigma: *„In der neuen Welt der Netzwerk-Ökonomie leitet sich der Wert eines Produktes von seiner millionenfachen Verbreitung ab." (Kelley 1997).*
  Dies wird aber erst durch die nahezu unbeschränkte Verbreitung in Netzwerken möglich. Damit verlagert sich die Entwertung der Knappheit auf die Multiplikationsmöglichkeiten eines Produktes (zunehmende Grenzzuwächse) bei ökonomisch knappen Netzwerken.
- **Verdrängung durch positive Rückkopplung**
  W. Brian Arthur erklärte diesen veränderten Sachverhalt in einem Interview mit *Joel Kurtzmann* wie folgt:
  „In high tech ... there are two characteristics that overturn diminishing returns and give you increasing returns, meaning the more you get ahead, the more advantage you have toward getting further ahead. You can call it positive feedback ... whoever gets advantage, gets further advantage. Whoever loses advantage ... will lose further advantage." (Arthur 1998, S. 98).
  Je mehr Teilnehmer ein Netzwerk gewinnt, desto größer wird seine Anziehungskraft auf weitere Teilnehmer und um so kleiner die Mitgliederzahl der Netzwerke von Wettbewerbern. Dies bedeutet strategisch: *„You want to build up market share, you want to build up a user base. If you do, you can lock in that market." (Arthur 1998, S. 100).*

Hinzu kommt die dem Einsteiger bei der Komplexität der Informationstechnologie abverlangte Lern- und Einübungsphase – Arthur nennt sie die „groove-in effects" – die einen schnellen Systemwechsel uninteressant machen. Es entstehen „lock-in"-Effekte, die über eine Vertrautheit mit dem System eine Nutzerbindung erreichen lassen und ein dominantes Netzwerk bis zu einer technologisch bedingten Substitution entwickeln und stabilisieren, wobei dies nicht unbedingt die beste technische Lösung zu sein braucht.

Die damit gewonnene Tendenz zur Monopolisierung eines Marktes auf Zeit wird von Arthur als Prämie für die Innovation betrachtet. Im Ergebnis liegt beim Übergang in eine Wissensgesellschaft der Schlüssel zum wirtschaftlichen Erfolg damit weniger in der Zunahme der Produktion physischer Leistungen, als viel-

mehr in der Geschwindigkeit der kumulativen Wissensverbreitung mit ihrer unbegrenzten Variation und Verfeinerung *(Romer 1997)*.
Dabei verliert das Ding an sich an Bedeutung und „... *es ist die Beziehung zwischen den Dingen, die wertvoll ist ... Mehr gibt mehr.*" *(Kelley 1997)*. In exponentieller Art vollzieht sich eine Wertexplosion, allerdings mit der Gefahr, dass „... *die gleichen Kräfte, die den Erfolg haben explodieren lassen, ... das Produkt morgen in die Bedeutungslosigkeit absacken lassen.*" *(Kelley 1997)*. So ist mit jedem technologischen Sprung zu erwarten, dass sich durch die neuen Möglichkeiten, die sich den Teilnehmern damit bieten, kurzfristige Substitutionsmöglichkeiten ergeben, die ein bestehendes Netzwerk zu entwerten drohen. Dies ist insbesondere dann zu erwarten, wenn durch das neue Netzwerkangebot die „groove-in"-Effekte des Netzwerkzugangs deutlich vermindert werden *(Arthur 1998)*.

„That makes high tech a very different culture. It becomes mission-oriented. It's always looking for the next big thing. It makes it more like a casino." (Arthur 1998, S. 101).

Im Gegensatz zum bewährten Paradigma des sekundären Sektors der Wirtschaft verlagert sich die kritische Kernkompetenz weg von der laufenden Rationalisierung der Produktion und Distribution auf die visionäre Vorstellung und das Verständnis für völlig neue, emergente Strukturmuster einer Dynamik der Instabilität, die Rückgriffe auf Erfahrungsmuster der Vergangenheit bieten. Es gibt keine verlässlichen Antworten auf unsicher gestellte Fragen. Man muss einfach über ein besseres kognitives Muster verfügen als der Wettbewerber: *„The people who do well are the ones who go in with a deeper sense of understanding. There's no getting it right. The challenge is a cognitive one ... The people who do well ... are the people with better vision and cognition, who can sort of understand how things will shape up ... So the real players in these markets, the people who are very good, are those who come in and can see that suddenly the game has changed." (Arthur 1998, S. 103)*. In diesem paradigmatischen Wechsel wird die visionäre Kompetenz des Managementpotenzials – das unterstreicht das vorgängige Zitat – noch einmal deutlich oder wie *John Seely Brown* von Xerox formuliert: *„In the old economy, the challenge for management is to make a product. Now the challenge is to make sense." (zitiert nach Arthur 1998, S. 103)*. Dies bedeutet für den internationalen Wettbewerb, dass Wissenstatbestände sehr viel rascher transferiert werden können als jedes materielle Gut, geschweige denn ganze Produktionsstätten: *„Internationale Anbieter können in der volatilen Ideenökonomie schnell und günstig einen anderen Standort auswählen." (Graf 1999)*. Dabei sinkt die Abhängigkeit der Unternehmung von den politischen und wirtschaftlichen Rahmenbedingungen eines Landes, *„... während die Standortattraktivität von Ländern mit derartigen positiven Rahmenbedingungen zunimmt." (Graf 1999)*.

„Die Aufmerksamkeit ist ... zur generell wichtigsten Quelle der Wertschöpfung geworden. Eigenartigerweise spielt sie aber so gut wie keine Rolle in der Wissenschaft der Ökonomie. Aufmerksamkeit ist keine Kategorie der ökonomischen Theorie. Dort ist zwar viel von Entmaterialisierung, Informatisierung und Virtualisierung die Rede, die zentrale Ressource der Informationsverarbeitung kommt aber nicht zur Sprache." (Frank 1998).

In der sich damit entwickelnden Welt der Affluenz von Angeboten am Markt wird es für den Konsumenten immer schwieriger, sich einen Über- und Durchblick zu verschaffen. Aufmerksamkeit wird somit zum äußerst knappen Attribut eines jeden Marktbeziehungspotenzials und damit zur Voraussetzung für eine Verbreitung eines Gutes in einem Markt überbordender Verfügbarkeit. Aufmerksamkeit kann gleichsam zu einem Derivat der eigentlichen Leistung werden, das eigenständig medienwirksam vertreibbar ist. *Frank (1999)* spricht in diesem Zusammenhang von einer neuen „Ökonomie der Aufmerksamkeit". Deren zentrale Idee besteht darin, in der Mediengesellschaft das „Einkommen an Aufmerksamkeit über das an Geld zu stellen" und damit zur zentralen Kategorie der modernen Gesellschaft zu machen. In der Folge wird überspitzt formuliert: *„Das Zeitalter der Geldökonomie geht zu Ende, da neue Formen der Kommunikation offenbar auch eine neue Ökonomie begründen." (Frank 1999).*

In der Tat fällt es offensichtlich vielen Anbietern in der mediengetragenen Wissensgesellschaft immer schwerer, einen Einstieg in einen neuen Angebotszyklus nach altem Muster mit einer Preisvorstellung zu finden, die die Vorlaufkosten einbezieht. Um Aufmerksamkeit und Akzeptanz zu finden, wird zunächst auf eine Kostendeckung verzichtet, dies aber dennoch in der Hoffnung, sich irgendwie in die Angebotskette derart einzuklinken, dass über den langen Weg ein ökonomisch interessantes Ergebnis erzielt werden kann. Die beobachtbare Tendenz, das physische Gut eines Angebots als „Lockvogel-Angebot" umsonst abzugeben, um Aufmerksamkeit für einen Netzzugang und preislich relevante Dienstleistungen zu erreichen, ist daher vermehrt zu beobachten. Dabei wird es Gewinner und Verlierer geben. Gewinner werden diejenigen Anbieter sein, die ein „lock-in" mit zunehmender Aufmerksamkeits-begründeter Erweiterung ihres Netzwerkbeitrags erreichen, verlieren werden diejenigen, die die Aufmerksamkeit nicht erringen und marginalisiert werden. In der Folge werden Erstere einen nach gegenwärtigen Vorstellungen „unmäßigen" geldlichen Erfolg erringen und die anderen werden von der Bildfläche verschwinden. Es wird diese Polarisierung sein, die gesellschaftliche Kritik herausfordern mag, aber vom Ende der Geldökonomie kann keine Rede sein. Eher wird die Unmäßigkeit der Kapitalanhäufung in der entstehenden „Casino Society" bei einigen wenigen über ihr „Gambling" in diffusen Marktsituationen erneute Aufmerksamkeit hervorrufen. Ökonomisch gesehen werden die Prämien für Aufmerksamkeit und Innovation exorbitant steigen und damit neue Spieler in die Arena locken.

Der skizzierte paradigmatische Übergang bewirkt Orientierungslosigkeit und Verunsicherung nicht nur in der Politik, sondern auch allgemein in Gesellschaft und Wirtschaft. Quantensprünge der Veränderung sind vor dem Hintergrund der technologischen und kulturellen Entwicklung der Informationsmöglichkeiten zu erwarten und bereits in Ansätzen erkennbar.

Dabei besteht die Gefahr, dass die Verunsicherung zu einem weiteren Überangebot von sogenannten „management fads", also von beratungsfördernden Einzelansätzen führt, die als Allheilmittel an irgendeinem Teilproblem ansetzen, ohne die integrativen Wirkungen von Maßnahmen in umfassenderen Netzwerken und die daraus für das Gesamtsystem erwachsenden Impulse zu berücksichtigen.

3 Visionsgeleitete Entdeckung des Neuen

Der dargestellte Wechsel in den Grundannahmen und Erfahrungssätzen verlangt daher von Unternehmen eine ausdrückliche Auseinandersetzung mit der Zukunftsvision ihrer Rolle und der damit verbundenen Ziele und Maßnahmen (vgl. Abb. 2). Ihr Ergebnis hat als Leitbild für zukünftige unternehmerische Missionen und strategische Programme zu dienen, denen eine besondere Rolle für die Orientierung, Motivation und Integration der Mitarbeiter zukommt.

Dabei ist abzusehen, dass es aus strategischer Perspektive zu einem markanten „unbundling" der Wertschöpfungsketten und ihrer Reintegration kommen wird, die zu neuen branchenübergreifenden Rekompositionen der Kundenschnittstellen führen wird. Sie werden vom Angebot integrierender Systemleistungen („Systems-/Solutions-Provider") getragen. Diese Spitzenrolle vermarktet antizipativ das Wissen von Kundenproblemen und der Lösungskompetenz von partnerschaftlichen Netzwerken auch in virtueller Komposition (vgl. Abb. 3).

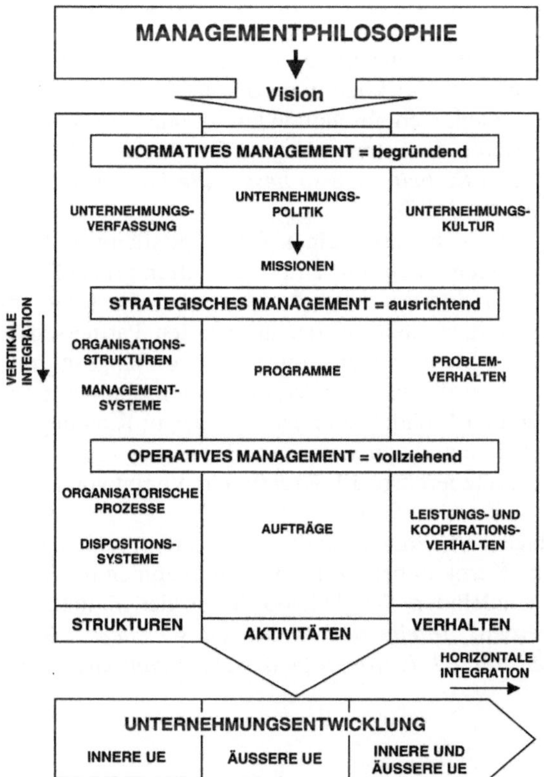

Abb. 2: Vision im integrativen Management-Zusammenhang *(Bleicher 1999, S. 77 und 82)*

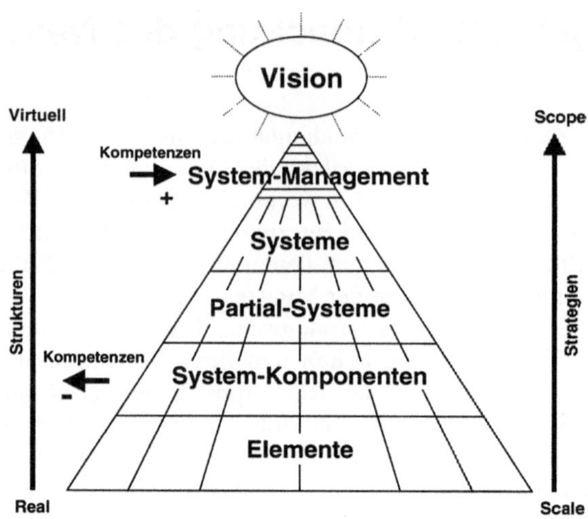

Abb. 3: Strategien und Strukturen auf dem Wege zum „Total Systems Management Provider“

Ein derartiger Übergang zu neuartigen Organisations- und Führungsformen, die weniger die technische als die kognitive Arbeitsteilung betonen, setzt eine Entwertung der traditionellen, sich abschottenden Organisationsmuster und die spontane Entwicklung offener dezentraler Netzwerke voraus: *„Je kleiner und ausgekoppelter die agierende Einheit – um so besser die Entscheidungsgeschwindigkeit und Innovation.“ (Kelley 1997).*

Dies führt auf der Suche nach einer fortschrittsfähigen Allokation und Erschließung von Kompetenz nicht nur zu projekthaften grenzüberwindenden, netzwerkartigen Strukturen, sondern birgt Probleme bei der sozio-emotionalen Entwicklung von fach-kompetenten vertrauensbasierten Partnerschaften mit fluiden Identifikationsmustern. In einer Transitionsphase von langsam obsolet werdenden Mustern der Industriegesellschaft zur Wissensgesellschaft gilt es vor allem, die Probleme des kulturellen Wandels zu beachten, der in Richtung auf ein lernendes Verhalten im Kontext einer zunehmenden Bedeutung „weicher“ Faktoren wie Zusammenarbeit, Einsatzbereitschaft, Kreativität, Verantwortungsbereitschaft und Loyalität verweist *(Nefiodow 1990).*

Auf der Grundlage sich damit verändernder Wertvorstellungen und Arbeitsverhältnisse werden die Kernkompetenzen von Unternehmen in weit stärkerem Maße von den autonom handelnden Tätigkeitsportfolien der mitunternehmerischen Experten abhängig werden: *„Intellectual capital will go where it is wanted and it will stay where it is well treated. It cannot be driven, it can only be attracted.“ (Webber 1993).*

4 Theory follows Practice?

Die Realitäten laufen bei einem paradigmatischen Wechsel der theoretischen Analyse vorweg und müssen – immer unter dem Verdacht selbst obsolet zu werden – mühsam nach-interpretiert werden; denn szenarische Zukunftsprognosen sind in einer Transitionsperiode äußerst schwierig anzustellen (siehe auch Abb. 4). Kuhn hat darauf hingewiesen, dass der Übergang zu einem neuen Paradigma auch dadurch erschwert wird, dass sich die Anhänger des alten Paradigmas in der Phase, in der es obsolet zu werden droht, besonders dogmatisch verhalten. Vielleicht ist es auch eine menschliche Eigenschaft, die bei uns besonders ausgeprägt zu sein scheint, sich in einer derartigen Situation eher nach hinten auf Vertrautes zurückzuziehen, als mit Wagemut innovativ Neues zu erobern. *„Die New Economy wird sich wahrscheinlich nicht durch Transformation ergeben, sondern durch die Substitution der aktuell herrschenden und in Unternehmungen gewonnenen Paradigmen." (Bickmann 1999).*

Die die Zukunft Probierenden finden sich beim Übergang in die Wissensgesellschaft vor allem in der Wirtschaftspraxis. Hier sind die Visionäre und Pragmatiker, die Schritte nach vorn in ein unausgetestetes Neuland wagen. Von ihnen lernen die Berater, die die gewonnenen Erfahrungen kondensieren und zu ihren Angeboten komprimieren. In Kombination beider werden Kongresse „bestückt" – auch dies ist ein „emergenter" Teil der Wissensgesellschaft –, an der zukunftsführende Rollenverteilungen erkennbar werden.

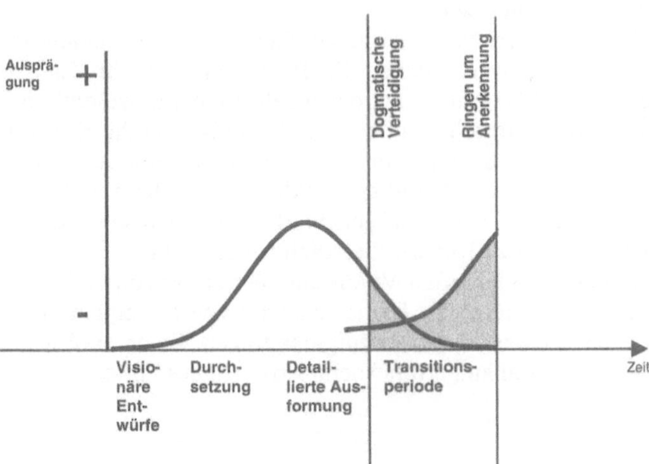

Abb. 4: Paradigmatischer Zyklus nach Kuhn *(Kuhn 1967)*

Im paradigmatischen Übergang zur „weightless economy“ lernt meines Erachtens die Theorie von der wagemutigen Praxis, was aber nicht ausschließt, dass sich daraus mit einem „time lag“ beachtliche theoretische Konstruktionen und Systeme entwickeln werden, die Prinzipien und Zusammenhänge deutlich machen. Sie schaffen Orientierung und können als Lebenshilfe dienen. Dabei ist keinesfalls auszuschließen, dass sich dieses Verhältnis in einer paradigmatischen Konsolidierungsperiode des Gleichlaufs und der Vertiefung wieder umkehren wird. Dies ist aber keineswegs unsere derzeitige Herausforderung.

Die gegenwärtige Situation einer paradigmatischen Transitionsphase ist für das Verhältnis von Theorie und Praxis deshalb so problematisch, weil die Gleichzeitigkeit eines bewährten alten Paradigmas und eines sich erst andeutenden emergenten Paradigmas vorliegt: Auf der einen Seite sind – ganz im Sinne Kuhns der dogmatischen Verhärtung und der wachsenden Selbstreferentialität eines obsolet werdenden Paradigmas am Ende seines Lebenszyklus – deutlich Rückfälle in ein technokratisches Paradigma feststellbar, während auf der anderen Seite neue Formen grenzüberschreitender Zusammenarbeit in informationstechnisch gestützten Teams auf virtueller Basis erkennbar werden.

Eine Zuordnung der empirischen Erfahrung zu dem einen und dem anderen verlangt klare konzeptionelle Vorstellungen über die Unterschiedlichkeit beider Wirkungszusammenhänge, was durch die Theorie bislang erst in Ansätzen geleistet wird. Dies wird auch dadurch erschwert, dass sich wesentliche Entwicklungen, die hin zu einer informationstechnologisch gestützten Wissensgesellschaft führen, durch die Überlagerung des sekundären durch den tertiären Sektor einer Dienstleistungsökonomie ergeben. In diesem Übergang verschwimmen die Grenzen zwischen Produkt-, Service- und Systemangeboten, was an der Spitze der Wertschöpfungsketten in der Positionierung von Unternehmungen entlang der Kundenschnittstelle besonders deutlich wird.

Im „Sowohl-als-Auch“ hybrider Ansätze zur Gestaltung, wie sie unsere Zeit zu kennzeichnen scheinen, schwankt daher die Praxis zuweilen im Lauf der Geschichte zwischen Alt und Neu und trägt dabei selbst nicht unwesentlich zur Orientierungslosigkeit und Verunsicherung bei. Vielleicht besteht die Kunst des Fortschritts – in Abwandlung eines Zitats von Alfred North Whitehead – darin, inmitten des Wechsels zu einem neuen Paradigma Ordnung zu wahren und inmitten der Ordnung den Wechsel zum Neuen aufrechtzuerhalten – und ich würde bei uns sagen – zu ermöglichen und zu fördern. Letztlich bedarf es hierzu der Zusammenarbeit von beidem: dem pionierhaften Voranschreiten der Praxis und der theoretischen Durchdringung, um hinter die Gemeinsamkeit von Prinzipien zu kommen, die den Zusammenhang eines neuen Paradigmas tragen. Beide sind dabei geeint durch den Prozess eines „trial and errors“ beim Erringen des Fortschritts.

5 Literatur

Arthur, W. B. (1998), An Interview with W. Brian Arthur, in: Strategy & Business, 1998, Heft 11, Second Quarter, S. 95–103

Bickmann, R. U. (1999), Die New Economy des Informationszeitalters, in: Bertelsmann Briefe, 1999, Heft 141, S. 21–24

Bleicher, K. (1999), Das Konzept Integriertes Management, 5., revidierte und erweiterte Auflage, Frankfurt, New York 1999

Coase, R. H. (1937), The Nature of the Firm, in: Economica, 1937, Nr. 4, S. 386–405

Frank, G. (1998), Ökonomie der Aufmerksamkeit, München 1998

Graf, H. G. (1999), Prognosen und Szenarien in der Wirtschaftspraxis, München – Wien 1999

Grant, R. M. (1997), Towards a Knowledge-based View of the Firm: Implications for Management Practice, in: Long Range Planning, 1997, 30. Jg., Nr. 3, S. 450–454

Kelley, K. (1997), New Rules for the New Economy, in: Wired, 1997, Nr. 9, S. 140 ff

Krogh, G. von; Roos, J. (1996), Organizational Epistomology, London 1996

Kuhn, T. S. (1967), Die Struktur wissenschaftlicher Revolutionen, Frankfurt/Main 1967

Nefiodow, L. A. (1990), Der fünfte Kondratieff – Strategien zum Strukturwandel in Wirtschaft und Gesellschaft, Wiesbaden 1990

Nonaka, I.; Takeuchi, H. (1995), The Knowledge Creating Company, Oxford 1995

North, K. (1998), Wissensorientierte Unternehmensführung – Wertschöpfung durch Wissen, Wiesbaden 1998

Nurmi, R. (1998), Knowledge Intensive Firms, in: Business Horizons, 1998, May-June, S. 16–21

Romer, P. M. (1997), New Growth Theory, zitiert nach Wall Street Journal vom 15. 10. 1997, S. 10

Strassel, K. A. (1998), „Weightless Economy" Raises Heavy Issues, in: The Wall Street Journal vom 08. 06. 1998, S. 1

Thurow, L. C. (1996), The Future of Capitalism, New York, N.Y. 1996

Webber, A. M. (1993), What's So New About the New Economy?, in: Harvard Business Review 1d/1993, S. 24–42

Autorenverzeichnis

Prof. emer. Dr. rer. pol. Dr. h. c. mult. Knut Bleicher
Käserenstraße 3, 9400 Rorschacherberg, Schweiz

Prof. Dr. Hans Dietmar Bürgel
Inhaber des Lehrstuhls für Allgemeine Betriebswirtschaftslehre und Betriebswirtschaftslehre in Forschung und Entwicklung, Betriebswirtschaftliches Institut, Universität Stuttgart, Breitscheidstraße 2c, 70174 Stuttgart

Prof. Dr. Takahiro Fujimoto
Professor at the Faculty of Economics, University of Tokyo, 7-3-1 Hongo, Bunkyo-Ku, 113-0033 Tokyo, Japan

Prof. Dr. Alexander Gerybadze
Inhaber des Lehrstuhls für Betriebswirtschaftslehre, insbesondere Internationales Management, Universität Hohenheim, Institut 510K, 70593 Stuttgart

Dipl.-Ing. Jörg Menno Harms
Vorsitzender des Aufsichtsrates der Hewlett-Packard GmbH und der Hewlett-Packard Holding GmbH, Postfach 14 30, 71004 Böblingen

Prof. Dr. Hiroshi Kashiwagi
Professor of Dept. of Electronics and Electrical Engineering, Faculty of Science and Technology, Keio University, 3-14-1 Hiyoshi, Kohoku-Ku, 223-8522 Yokohama, Japan

Prof. Dr. Klaus North
Inhaber des Lehrstuhls für Internationale Unternehmensführung und Logistik, Fachbereich Wirtschaft, Fachhochschule Wiesbaden Bleichstraße 44, 65183 Wiesbaden

Dipl.-Kfm. (techn.) Juan Prieto
Wissenschaftlicher Mitarbeiter am Fraunhofer-Institut für Arbeitswirtschaft und Organisation Nobelstraße 12, 70569 Stuttgart

Dipl.-Wirt.-Ing. Norman Roth
Wissenschaftlicher Mitarbeiter am Fraunhofer-Institut
für Arbeitswirtschaft und Organisation
Nobelstraße 12, 70569 Stuttgart

Dipl.-Kfm. (techn.) Rainer Schultheiß
Wissenschaftlicher Mitarbeiter am Lehrstuhl für Allgemeine Betriebswirtschaftslehre und Betriebswirtschaftslehre in Forschung und Entwicklung, Betriebswirtschaftliches Institut, Universität Stuttgart,
Breitscheidstraße 2c, 70174 Stuttgart

Prof. Dr. Dr. sc. techn. Hugo Tschirky
Inhaber des Lehrstuhls für Technology and Innovation Management, Betriebswissenschaftliches Institut, ETH Zürich
ETH Zentrum, BWI E7, 8028 Zürich, Schweiz

Dipl.-Ing. Frank Wagner
Wissenschaftlicher Mitarbeiter am Fraunhofer-Institut
für Arbeitswirtschaft und Organisation
Nobelstraße 12, 70569 Stuttgart

Privatdozent Dr. habil. Joachim Warschat
Direktor des Fraunhofer-Instituts für Arbeitswirtschaft und Organisation,
Nobelstraße 12, 70569 Stuttgart